进口铜精矿产地溯源技术

闵　红　吴晓红　张金阳　朱志秀　著

东华大学出版社·上海

内容简介

中国是世界上最大的铜精矿进口国，产地溯源可支撑进口铜精矿符合性验证，为风险筛查、贸易便利化提供解决方案。本书介绍了世界铜矿资源概况及产地溯源技术基础，基于 X 射线荧光光谱、X 射线粉晶衍射、矿相分析和激光剥蚀电感耦合等离子体质谱，结合地球化学理论基础以及判别分析、人工神经网络等算法，介绍了进口铜精矿产地溯源的一系列研究成果。本书可作为从事矿产品产地溯源研究人员的参考书，也可作为政府监管部门、铁矿石贸易商、检测实验室的技术人员了解进口铜精矿产地溯源的参考资料和依据。

图书在版编目(CIP)数据

进口铜精矿产地溯源技术/闵红等著. —上海:东华大学出版社，2021.5
ISBN 978-7-5669-1920-5

Ⅰ. ①进⋯ Ⅱ. ①闵⋯ Ⅲ.①铜矿资源—产地—鉴别 Ⅳ.①TD982

中国版本图书馆 CIP 数据核字(2021)第 119875 号

责任编辑：竺海娟
封面设计：魏依东

进口铜精矿产地溯源技术

闵 红 吴晓红 张金阳 朱志秀 著

出 版：东华大学出版社(上海市延安西路 1882 号 邮政编码:200051)
本 社 网 址：http://dhupress.dhu.edu.cn
天猫旗舰店：http://dhdx.tmall.com
营 销 中 心：021-62193056 62373056 62379558
印 刷：上海盛通时代印刷有限公司
开 本：787 mm×1092 mm 1/16
印 张：10
字 数：300 千字
版 次：2021 年 5 月第 1 版
印 次：2021 年 5 月第 1 次印刷
书 号：ISBN 978-7-5669-1920-5
定 价：128.00 元

《进口铜精矿产地溯源技术》

著者名单

主　著：闵　红　吴晓红　张金阳　朱志秀

参　著：刘　曙　严德天　徐　鼎　刘　倩

　　　　王启林　程欲晓　严承琳　李　晨

前　言

我国对铜精矿的需求十分强劲，是世界上最大的铜精矿进口国，据统计，2020年我国铜精矿进口量2078.7万吨、345.3亿美元，对外依存度超过80%。我国进口铜精矿主要来自智利、秘鲁、蒙古、墨西哥和澳大利亚。从海关对进口铜精矿的监管数据来看，铜精矿进口过程中不乏存在掺杂、掺假、以次充好等现象，虽然集中于个案，但对我国国门安全、经济安全的危害不容小觑。进口铜精矿属于我国法定检验商品，我国海关对进口铜精矿开展放射性检验、外来夹杂物检疫、固体废物属性鉴别、品质检验、有害元素监测等措施，以预防进口铁矿石涉及安全、卫生、环保、欺诈等方面的风险。

资源类矿产品产地溯源需求一般起源于特殊的国际环境。美国海关早在19世纪90年代就曾开展进口原油原产地分析，应用于部分国家原油管控。日本海关2006年制定了无烟煤原产地识别化验方法，用于管制朝鲜无烟煤进口。与美国海关、日本海关相比，中国海关对资源类矿产品产地溯源技术领域仍处于空白，面临判断指标零散、智能判定手段缺乏、产地识别辨识度不足等问题。因此，研发便捷实用的进口铜精矿产地溯源技术，建立我国的进口铜精矿产地溯源体系，是目前面临和急需解决的问题。

开展进口铜精矿产地溯源技术研究，构建进口铜精矿信息库，可基于历史大数据实现对进口铜精矿的风险评价，为质量保障和国家宏观管控提供技术支撑。2020年11月25日，生态环境部等多部门联合发布《关于全面禁止进口固体废物有关事项的公告》，要求自2021年1月1日起，禁止以任何方式进口固体废物。原产地是铜精矿入境报关时的申报信息，对进口铜精矿的原产地进行符合性验证，可以发现掺杂、掺假、以次充好等现象，为固体废物禁令的实施提供技术保障。当前复杂的国际环境下，产地溯源技术体现国家的综合国力，反映出科技实力应对、制定及实施相应国际挑战的能力。

目前，尚无相关书籍能够系统的、全面的介绍铜精矿产地溯源技术。本书主要以作者近年来相关研究工作为基础，结合相关测试方法理论整理而成。全书共分6章，分别介绍世界铜矿资源概况及产地溯源技术基础、X射线荧光光谱在进口铜精矿产地溯源中的应用、X射线在进口铜精矿产地溯源中的应用、矿相分析在进口铜精矿产地溯源中的应用、激光剥蚀电感耦合等离子体质谱在进口铁矿石产地溯源中的应用、多技术联用在进口铜精矿产地溯源中的应用。本书内容丰富、重点突出、实用及针对性强。本书可作为从事矿产品产地溯源研究人员的参考书，也可以作为政府监管部门、铜精矿贸易商、检测实验室的技术人员了解进口铜精矿产地溯源的参考资料和依据。

　　本书由上海海关工业品与原材料检测技术中心、中国地质大学（武汉）的研究人员在多年研究工作基础上，撰写完成。全书由闵红（上海海关工业品与原材料检测技术中心）、吴晓红（上海海关工业品与原材料检测技术中心）、张金阳（中国地质大学（武汉））、朱志秀（上海海关工业品与原材料检测技术中心）主著，刘曙（上海海关工业品与原材料检测技术中心）、严德天（中国地质大学（武汉））、徐鼎（上海海关工业品与原材料检测技术中心）、刘倩（东华大学）、王启林（中国地质大学（武汉））、程欲晓（上海海关工业品与原材料检测技术中心）、严承琳（上海海关工业品与原材料检测技术中心）、李晨（上海海关工业品与原材料检测技术中心）参与试验研究、数据分析等工作，全书由刘曙、张金阳审稿，闵红定稿。

　　本书在编写中引用了许多专家、学者在科研和实际工程中积累的大量资料和研究成果，由于篇幅有限，本书仅列出了主要参考文献，并按惯例将参考文献在文中一一对应列出，在此特向所有参考文献的作者表示衷心的感谢。

　　本书的研究成果得到了国家重点研发计划国家质量基础的共性技术研究及应用专项项目《资源类及高值产品产地溯源、掺假识别技术研究》（编号：2018YFF0215400）的资助，著作得到了上海海关工业品与原材料检测技术中心的大力支持，在此表示感谢！

　　由于作者水平有限，加之时间仓促，书中难免有疏忽和不当之处，敬请读者批评指正。

著者

2021 年 4 月 5 日

目　录

第一章　世界铜矿资源概况及产地溯源技术基础

1　世界铜矿资源概况

1.1　铜矿分类及用途

世界上铜矿类型繁多，自然界的铜多数以化合物形式存在，铜矿物与其他矿物聚合成铜矿石，开采出来的铜矿石经过选矿成为含铜品位较高的铜精矿，铜精矿经过冶炼提纯加工成为精铜及铜制品。

铜矿类型多样，按其地质类型划分主要有斑岩型、沉积岩型、岩浆硫化物型、火山块状硫化物型、铁氧化物铜-金型、矽卡岩型等6大类，分别占世界总资源储量的69.0%、11.8%、5.1%、4.9%、4.7%、2.2%，合计占世界总资源储量的97.7%，其他次要类型如沉积铜多金属矿、浅层低温热液金-银矿伴生的铜矿床等占2.3%[1]。

铜具有强烈的亲硫性，自然界中铜主要以硫化物的形式存在。按铜矿物的生成条件和化学成分不同可分为：原生硫化铜矿物，如黄铜矿；次生硫化铜矿物，如辉铜矿；氧化铜矿物，如孔雀石；自然铜等。自然界中已知的铜矿物约170种，但具有工业应用价值的仅有20多种（表1-1）。其中，原生硫化铜矿物在铜矿资源中分布最广，其次是斑铜矿和辉铜矿等[2]。

铜是有史以来使用的最古老的金属之一，由于其单一或复合材料具有高延展性、良好的导热性、导电性以及抗腐蚀性能，铜已成为一种主要的工业金属，是工业发展中的重要材料之一，在消耗量方面仅次于铁和铝。铜的用途包括电子电器、建筑、通用消费，约占铜使用总量的四分之三。此外，一些新兴行业如铜抗菌触摸板、高科技铜线、导热装置等将在一定程度上促进铜的消费。随着人类社会的不断发展，人类对铜的需求量还会继续增加（表1-2）。

表 1-1　自然界中常见的有经济价值的铜矿物

类别	矿物名称	化学组成	理论含铜量/%	密度/(g·cm^{-3})	晶系
自然铜	自然铜	Cu	100.00	8.5~8.9	等轴
硫化物	黄铜矿	$CuFeS_2$	34.56	4.1~4.3	正方
	斑铜矿	Cu_5FeS_4	55.50	4.5~5.2	等轴
	辉铜矿	Cu_2S	79.80	5.5~5.8	斜方
	铜蓝	CuS	66.44	4.5~4.6	六方
	黝铜矿	$Cu_{12}Sb_4Si_3$	46.70	4.4~5.1	等轴
	砷黝铜矿	$Cu_{12}As_4Si_3$	52.70	4.4~4.5	等轴
	硫砷铜矿	Cu_3AsS_4	48.40	4.4	斜方
氧化物	赤铜矿	Cu_2O	88.80	6.0	等轴
	黑铜矿	CuO	79.85	6.0	单斜
	孔雀石	$CuCO_3·Cu(OH)_2$	57.50	3.9~4.1	单斜
	蓝铜矿	$Cu_3CO_3(OH)_2$	69.20	3.8	单斜
	硅孔雀石	$CuSiO_3·2H_2O$	36.30	2.1	非晶系
	胆矾	$CuSO_4·5H_2O$	25.50	2.3	三斜
	水胆矾	$CuSO_4·3Cu(OH)_2$	56.20	3.9	斜方
	氯铜矿	$CuCl_2·3Cu(OH)_2$	61.00	3.7~3.8	斜方
	铜绿矾	$(Cu、Fe)SO_4·7H_2O$	10~18	2.15	—

表 1-2　铜产品在不同行业中的应用

类别	主要终端产品
电气产品	发电机、发动机、变压器、电线、插座、开关，以及电视和电脑显示器中的电子管、音频和视频放大器等
建筑产品	电缆电线、水暖管道、阀门及其配件、电源插座、开关和门锁等
日用消费品及普通产品	炒锅、灯具、钟以及某些室内装饰品等
运输设备	散热器、制动器和配件等
工业设备	齿轮、轴承、涡轮机、热交换设备、压力容器、舰船等

1.2　世界铜矿资源分布

　　通过多年大量地质找矿勘查实践，已识别出全球 75% 的铜矿资源集中分布在 4 个不同的地质-地理区：（1）环太平洋成矿带，是全球最大铜矿集区，约占全球总储量的 40%；（2）特提斯成矿带，约占总储量的 10%；（3）中亚成矿带，占 10%；（4）非洲矿集区，约占总储量的 15%，分布在长 55 km、宽 65 km 的带状区，也是全球储量最大、最著名的铜矿带之一。前三个成矿带主要以斑岩型铜矿分布为特征，后一个以沉积岩型铜矿床分布为特征（图 1-1）[3]。

　　世界铜矿资源分布广泛，全球 150 多个国家拥有铜矿资源。但是由于矿产资源的地质属性，铜矿资源在世界各国、各地区的分布差别极大，极不均匀，主要集中在南美和北美的环太平洋成矿带。世界铜储量为 8.7 亿吨，全球已探明的铜资源储量约为

35 亿吨，主要分布在智利、秘鲁、美国、墨西哥、中国、俄罗斯、印度尼西亚、刚果（金）、澳大利亚、赞比亚等国家，其中储量大于 1 亿吨的国家为智利，1 亿至 5000 万吨之间的国家为澳大利亚、秘鲁、俄罗斯、墨西哥；5000 万至 1000 万吨的国家为美国、中国、赞比亚和刚果（金）（见表 1-3）。

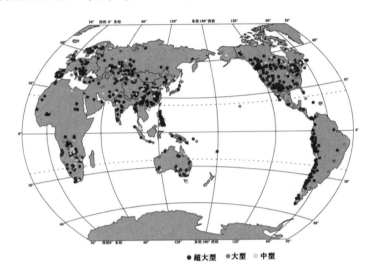

●超大型　●大型　○中型

图 1-1　全球主要铜矿分布图

表 1-3　2015—2019 全球各国铜矿储量（万吨）

国家	2015	2016	2017	2018	2019	2020
智利	21 000	21 000	17 000	17 000	20 000	20 000
澳大利亚	3 300	8 900	8 800	8 800	8 700	8 800
秘鲁	8 200	8 100	8 100	8 300	8 700	9 200
俄罗斯	3 000	3 000	–	6 100	6 100	6 100
墨西哥	4 600	4 600	4 600	5 000	5 300	5 300
美国	3 300	3 500	4 500	4 800	5 100	4 800
印度尼西亚	–	–	2 600	5 100	2 800	–
中国	3 000	2 800	2 700	2 600	2 600	2 600
赞比亚	2 000	2 000	2 000	1 900	1 900	2 100
刚果（金）	2 000	2 000	2 000	2 000	1 900	1 900
其他国家	21 600	16 100	26 700	21 400	23 900	26 200
合计	72 000	72 000	79 000	83 000	87 000	87 000

（数据来源：USGS Mineral Yearbook 2015—2020）

　　2014—2019 年，全球各个国家铜矿产量如表 1-4 所示。由表 1-4 可以看出，全球铜矿产量逐年变化趋势保持一个相对稳定的水平。2019 年，全球铜矿产量 2061 万吨。全球主要生产铜矿的国家有智利、秘鲁、墨西哥、美国、澳大利亚、俄罗斯、刚果（金）、赞比亚、哈萨克斯坦、中国等 10 个国家，从铜矿生产地区分布来看，有一定的集中度，产量前 10 的国家占据全球总产量的 80% 左右，并且所占比重呈现逐年增加的趋势。

表 1-4　2014—2019 年全球各国铜矿产量（万吨）

国家	2014	2015	2016	2017	2018	2019
智利	576	577	555	550	583	578
秘鲁	137	170	235	244	243	245
墨西哥	52	60	76	74	75	76
美国	138	141	143	125	121	128
澳大利亚	97	99	94	84	91	93
哈萨克斯坦	50	56	59	74	62	71
刚果金	99	103	102	109	122	143
赞比亚	75	72	73	80	85	75
俄罗斯	68	69	68	72	77	77
中国	174	166	185	165	150	160
其他国家	386	419	442	429	418	415
合计	1852	1932	2032	2006	2027	2061

（数据来源：世界金属统计局年鉴）

1.3　世界主要铜矿矿山介绍

世界超大型斑岩型铜矿主要分布于智利、美国、秘鲁、巴拿马、蒙古等国家，超大型沉积岩型层状铜矿床主要分布于刚果（金）、波兰、赞比亚、俄罗斯、智利等国家。

智利是全球铜矿产量最高的国家，2019 年铜矿产量占据全球总量的 28%，主要是因为智利国内拥有 Escondida、EI Teniente 和 Collahuasib 等全球超大铜矿山，保证了智利在全球铜矿产量中的主导地位。秘鲁在 2014—2019 年间，加大了对铜矿山的开发力度，产量有较大幅度的提升。其他国家铜矿山的开发力度相对平稳，2019 年中国的铜矿产量占全球的 7.74%。

（1）智利 Escondida 铜矿

Escondida 铜矿位于智利安第斯山脉的高海拔地区，距安托法加斯塔东南 160 公里处。Escondida 铜矿的建设始于 1988 年 8 月，第一批矿石在 1990 年 11 月进行了加工。该矿区铜矿是目前全球年产量最高的露天铜矿，生产全球 8% 的矿石产铜。2019 年二季度，Escondida 铜矿产量 8.3 万吨（30% 权益产量），同比下降 10%，其原因主要是铜矿品位下降。

矿石从 Escondida 铜矿的两个矿坑开采—主矿坑和北矿坑，主矿坑采用颚式破碎机进行矿石的破碎。Escondida 铜矿通过相关工艺生产铜精矿与铜阴极等产品，其中，铜精矿的生产通过硫化矿浮选技术获得，铜阴极的生产则采用氧化矿浸出工艺、低品位硫化矿生物浸出工艺以及高品位硫化矿常规浮选工艺。

（2）智利 EI Teniente 铜矿

EI Teniente 铜矿位于智利圣地亚哥以南 80 公里处，是世界上最大的地下铜矿，最初运营于 1904 年。尽管其大部分生产来自地下矿床，但于 2013 年开设了露天矿床，目前整个矿床组成包括 Rajo Sur（露天矿床）、Pilar Norte、Diablo、Dacita、Pacifico Superior 和 Diablo。2016 年 2 月，EI Teniente 铜矿计划支出约 51 亿美元在原有基础上开发新一级别的矿床，预计新级别矿床将为整个矿床寿命延长 50~60 年。

该矿山采用硫化矿泡沫浮选工艺生产铜精矿，即使用破碎机减小矿石的尺寸将其转化为细粉，再将其与水和化学试剂混合形成矿浆进入浮选流程，从而使铜矿与其他成分颗粒分离。

（3）智利 Collahuasi 铜矿

Collahuasi 铜矿位于智利北部 Tarapacá 地区的安第斯高原，占地面积 200 平方公里，距智利伊基克东南 170 公里，靠近玻利维亚边境。该矿由合资公司 Compañía Minera Dona Inésde Collahuasi SCM 经营。Collahuasi 铜矿的选矿厂运营着三条生产线，其中包括 3 台 SAG 磨粉机和 4 台球磨机。该矿将通过安装第 5 台球磨机以进一步扩大产量，并计划投资 32 亿美元用于此扩建项目。

Collahuasi 铜矿通过相关技术生产铜精矿和铜阴极。其中：铜精矿通过常规硫化矿浮选工艺生产；铜阴极通过硫酸浸出氧化物矿物，再使用溶剂萃取法以纯化溶液，并从纯净的酸性溶液中进一步处理获得。

（4）秘鲁 Antamina 铜矿

Antamina 铜矿位于秘鲁北部的安第斯山脉，位于西科迪勒拉山脉，平均海拔 4 200 m，距利马北部约 270 公里。Antamina 铜矿于 2001 年 10 月开始商业化生产，投资成本为 22 亿美元，这在当时是秘鲁矿业史上最重大的投资。

该矿矿石被两个 SAG 磨粉机和 4 个球磨机破碎之后形成矿浆，并被输送至浮选池，在那里回收铜精矿和锌精矿，其副产品还包括钼精矿和铅精矿。

（5）印度尼西亚 Grasberg 铜矿

Grasberg 铜矿位于印尼巴布亚省苏迪曼山脉的高地，巴布亚省位于新几内亚岛的西半部。矿山建设开始于 1970 年，Grasberg 露天矿场的商业运作开始于 1973 年 2 月。1990 年，Grasberg 矿体开始露天开采。

Grasberg 铜矿通过两个 111 公里长的泥浆管输送到 Amamapare 港口，在那里精矿被 5 个过滤器脱水，然后在两个精矿窑烘干机中干燥。在运往印尼、欧洲、韩国和菲律宾冶炼厂之前，它被储存在一个 7.2 万吨的仓库中。

（6）智利 Los Bronces 铜矿

Los Bronces 铜矿位于圣地亚哥东北 65 公里处的安第斯山脉，海拔 3 500 m，是一个大型露天铜矿。Los Bronces 铜矿的露天开采始于 19 世纪 30 年代，是智利最古老的矿山之一。

该矿山露天矿开采是通过钻孔和爆破进行的。矿石用装载机和推土机开采并经过粉碎后，经由输送机通过一条长 44 公里的隧道输送到加工厂。通过两台破碎机和两台 SAG 磨粉机，高品位矿石被碾碎，磨成矿浆，送到铜和钼浮选线路。铜和钼矿物被浓缩成大块的铜/辉钼矿精矿，在辉钼矿浮选回路中，辉钼矿与铜矿物分离。

（7）智利 Los Pelambres 铜矿

Los Pelambres 铜矿位于圣地亚哥以北 240 公里处，是智利最大的铜矿之一。该矿床位于安第斯山脉的高山脉，平均海拔 3 600 m。Los Pelambres 生产铜矿以及副产品金、钼和银。该矿最初作为地下设施运营，露天开采始于 2000 年。

矿石从海拔约 3 100 m 的露天矿坑中开采出来，经过专用设备输送至海拔约 1 600 m 处的选矿厂，再进入浓缩和分离工艺，经过包括粗浮选、清除剂浮选和精矿重磨阶段，之后加入化学增稠剂形成精矿浆，并通过专用管道输送至加工厂进行脱水处理。

（8）智利 Spence 铜矿

Spence 铜矿位于智利北部干旱的阿塔卡马沙漠地区，海拔 1 700 m，距安托法加斯塔东北 162 公里。必和必拓董事会于 2004 年 10 月批准了 Spence 项目的开发。2015 年 7 月，必和必拓提交了两份环境影响报告书，将矿山寿命延长了 50 年以上。Spence 项目包括一个露天矿床以及浸出、熔剂萃取和电解沉积加工厂。

Spence 铜矿的露天采矿是用卡车开采并破碎后，用硫酸与矿石作用形成团块，并分别输送至氧化物和硫化物浸出生产线。氧化矿石采用化学浸出法，硫化矿石采用生物浸出法。该选矿厂还包括硫化物泡沫浮选和尾矿存储等设施，用以生产除铜精矿外的银、金、钼精矿等产品。

1.4　我国铜精矿进口现状

中国铜资源严重不足，按照美国地质调查局数据，中国铜储量仅占全球铜储量的 3%，随着铜资源供需矛盾的凸显，中国铜对外依存度一直保持在 70% 左右高位，供需缺口很大[4]，我国近年来铜矿砂及其精矿进口数据见表 1-6。

表 1-6　中国近年铜矿砂及其精矿进口统计数据

年份	2017	2018	2019	2020
进口量/万吨	1 734	2 328	2 198	2 179
金额/万美元	263 856	401 308	3 945 520	3 452 691

（数据来源：海关统计数据平台）

2002 年全球铜消费量为 1520 万吨，其中中国铜消费量为 250 万吨，约占全球消费量的 17%，中国取代美国成为全球第一大铜消费国。2010 年后中国铜需求量保持在 6% 以上增长幅度，目前中国铜进口格局从以铜矿为主转变为以铜精矿为主，铜矿来源地与全球铜矿资源丰富国家、主要产铜国基本吻合，主要为智利、秘鲁、蒙古、墨西哥和澳大利亚。

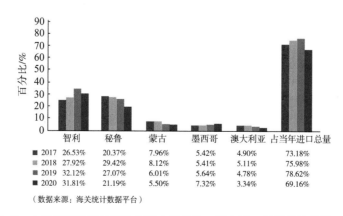

	智利	秘鲁	蒙古	墨西哥	澳大利亚	占当年进口总量
■ 2017	26.53%	20.37%	7.96%	5.42%	4.90%	73.18%
■ 2018	27.92%	29.42%	8.12%	5.41%	5.11%	75.98%
■ 2019	32.12%	27.07%	6.01%	5.64%	4.78%	78.62%
■ 2020	31.81%	21.19%	5.50%	7.32%	3.34%	69.16%

（数据来源：海关统计数据平台）

图 1-2　中国铜矿砂及其精矿主要来源地进口量占进口总量统计数据（万 t）

表 1-7　中国近年铜矿砂及其精矿主要来源地进口统计数据（万 t）

国别	2017	2018	2019	2020
智利	460	650	772	752
秘鲁	492	685	595	501
蒙古	138	189	132	130
墨西哥	94	126	124	173
澳大利亚	85	119	105	79

（数据来源：海关统计数据平台）

2　进口铜精矿产地溯源技术基础

2.1　产地溯源目的和意义

我国是世界上最大的铜精矿进口国，2020 年我国铜精矿进口量 2078.7 万 t、345.3 亿美元，对外依存度超过 80%。铜精矿进口过程中不乏存在掺杂、掺假、以次充好现象，虽然集中于个案，但对我国国门安全、经济安全的危害不容小觑。因此，海关对进口铜精矿开展放射性检验、外来夹杂物检疫、固体废物属性鉴别、品质检验、有害元素监测等，预防涉及安全、卫生、环保、欺诈等方面的风险。

开展进口铜精矿产地溯源研究，构建进口铜精矿信息库，基于历史大数据实现对进口铜精矿的风险评价，为质量保障和国家宏观管控提供技术支撑。2020 年 11 月 25 日，生态环境部等多部门联合发布《关于全面禁止进口固体废物有关事项的公告》，要求自 2021 年 1 月 1 日起，禁止以任何方式进口固体废物。原产地是铜精矿入境报关时的申报信息，对进口铜精矿的产地进行符合性验证，可以快速发现掺杂、掺假、以次充好等现象，为固体废物禁令的实施提供技术保障。开展进口铜精矿产地溯源研究，也可为我国履行联合国安理会"禁运"协议提供技术手段，体现大国责任担当。

资源类矿产品产地溯源需求一般起源于特殊的国际环境。美国海关早在 19 世纪 90 年代就曾开展进口原油原产地分析，应用于部分国家原油管控。日本海关 2006 年制定了无烟煤原产地识别化验方法，用于管制朝鲜无烟煤进口。与美国海关、日本海关相比，中国海关在资源类矿产品原产地分析领域仍存在技术空白。因此，研发便捷实用的进口铜精矿产地溯源技术，建立我国的进口铜精矿产地溯源体系，是目前面临和急需解决的问题。

2.2　产地溯源检测技术

2.2.1　X 射线荧光光谱

利用 X 射线荧光光谱分析铜矿，主要是通过将高能 X 射线照射到待检测的样品上，通过激发样品中元素原子的内层电子，进一步引发电子跃迁，并且释放出该样品元素的特征性 X 射线，即 X 射线荧光（图 1-3）。

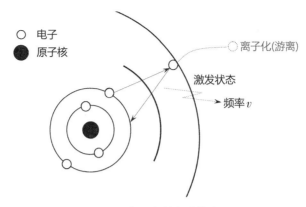

图 1-3 离子发射光谱的产生

高能 X 射线与元素的原子发生碰撞的时候，被逐出的原子会离开，进而导致空穴的形成，为了填补这一空位，高能级电子层当中的电子会跑到这一空穴中，该过程发生时会释放出能量，进而形成 X 射线荧光，高能级电子层和低能级电子层之间的能量差形成的 X 射线荧光的能量，这种能量对于元素来说是特有的性质。伴随电子跃迁而释放的能量称为光子能量，即电子发生跃迁的两能级的能量差，该能量差为：

$$\Delta E = h v = hc/\lambda$$

式中：h 为普朗克常数；c 为光速；v 和 λ 分别为发射谱线的特征频率和特征波长。

X 射线荧光光谱分析法主要有两种分析方式，分别是定性分析方式和定量分析方式。定性分析方式主要是通过测量按照能量不同所分开的混合 X 射线，再根据不同的能量与元素特定波长的一一对应关系区分元素的种类。定量的分析方法则是根据元素的荧光强度与元素含量成正比来确定元素的含量。

采用 X 射线荧光光谱法，不仅能对样品中主要元素、次要元素和微量元素做出准确的定量分析，还能对含有未知元素的试验样品进行近似定量的分析，为后续选择准确的定量方法指明方向。采用 X 射线荧光光谱法，试验成本低，花费时间短，应用范围比较广，在科学的试验条件下，能够对不同的金属材料和非金属材料分别进行定性、定量试验分析。

在样品制备方面，要求比较简单，可以满足非破坏性试验的需要，可直接对固体块状样品、粉末状样品、液体样品进行测试。为提高分析准确性，一般在测试前对样品进行制样，常用的制样方式包括直接粉末压片和硼酸盐熔片两种方式，两者各具优缺点。采用直接粉末压片，可以不采用其他化学试剂，制作过程比较简单且经济，但是测量精度不高。采用硼酸盐熔片制样，可以使某些元素的测量满足试验要求，从而得出较高的精密度和准确度，但由于在试样制作过程中添加了其他化学试剂，整体试验的灵敏度较低，部分元素挥发从而产生无法准确测定的情况。同时，采用这种制样方式，在制样过程中，程序相对复杂，制样成本比较高[6]。

2.2.2　X 射线衍射分析

X 射线衍射分析是一种利用 X 射线与晶体之间的衍射作用来确定晶体结构的表征手段。X 射线作为一电磁波投射到晶体中时，受到晶体中原子（电子）的散射，以一个原子中心发出散射波（球面波）。由于晶体中原子周期排列，这些散射波之间存在着固定的位相关系，在空间产生干涉，导致在某些散射方向的散射波相互加强，某些方向上相互抵消，从而出现衍射现象，即在偏离原入射线方向上，只有在特定的方向上出现散射线加强而存在衍射斑点，其余方向则无（图1-4）。

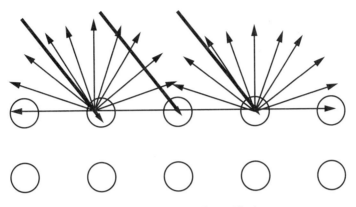

图1-4　X射线衍射的物理模型

散射波周相一致相互加强的方向称衍射方向，衍射方向取决于晶体的周期或晶胞的大小；衍射强度是由晶胞中各个原子及其位置决定的。X射线衍射必要条件遵循布拉格方程：

$$2d_{hkl} \sin\theta = n\lambda$$

式中：hkl 为晶面指数（米勒指数）；d 为晶面间距；$n\lambda$ 等于光程差 δ。

X射线衍射仪主要由电源、样品台、测角仪、X射线管、计数器（探测器）和安装有处理衍射图谱软件的计算机等部件组成（图1-5），X射线衍射仪已广泛用于金属、矿物、塑料、药物和纳米材料等研究领域，是对固体、粉末等多晶样品进行物相鉴定、物相定量分析、物相晶粒度测定、点阵参数测定等材料结构分析的主要设备。X射线衍射分析方法简单、分析速度快、分析范围广，已发展成为一项普遍开展的常规分析项目。

X射线衍射法是一种相对成熟的物相定性分析的技术[7]，也是目前相态分析最有效和最常用的手段之一，被广泛应用于矿物学和岩石学中结晶样品的物相定性、定量分析、结晶度及晶体结构等测定。X射线衍射分析可以推测矿物晶体的形成温度、压力等条件，对于矿物和成矿、成岩作用过程的研究都非常重要。通过将谱图中不同衍射峰组合与数据库中各个标准卡片进行比对以识别晶相，能够快速定性确认样品物相组成。定量分析是在已知物相类别的情况下，通过测量这些物相的积分衍射强度来测算其各自含量，并且，多相材料中某相的含量越多，其衍射强度越高。但由于衍射强度还受其他多种因素影响，在利用衍射强度计算物相含量时必须进行适当修正。

在制样方法上，通常将试验样品破碎制成74 μm以下粒级粉末样品，在玛瑙钵中研磨至45 μm左右，制成待测样。样品在仪器设定条件下，用X射线粉晶衍射仪进行扫描，获得对应的衍射图谱，利用全谱拟合软件进行矿物种类的解译和定量分析。

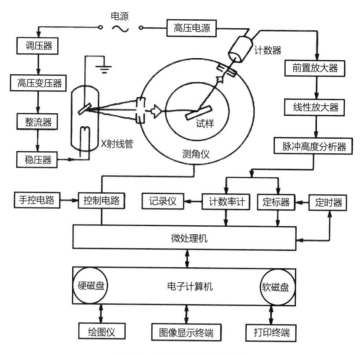

图1-5 X射线衍射仪系统

2.2.3 偏光显微技术

偏光显微镜（Polarizing Microscope）是用于研究所谓透明与不透明各向异性材料的一种显微镜，在铜精矿（矿石学）中的运用主要是反射光，而在岩石学上运用较多的则是透射光。偏光显微镜的结构主要由机械系统、光学系统、光源系统三部分组成，机械系统包括镜座、镜臂、镜筒、载物台和升降螺旋；光学系统由物镜、目镜、垂直照明系统组成，其中垂直照明系统是偏光显微镜的主要部件，安装在显微镜镜筒下端和接物镜之间（图1-6），它由入射光管和反射器两部分组成。

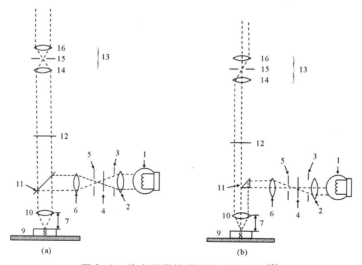

图1-6 偏光显微镜的垂直照明系统[8]

利用偏光显微镜对吸收性矿物（大部分金属矿物）的反射率、反射色、双反射及反射多色性、均非性、硬度以及内反射色等特性进行系统观察，可达到认识和鉴定矿物的目的；在铜精矿或矿石学中，还需要观察矿物含量、组合、结构，进一步判断矿物的生成顺序等。其中：反射率是指矿物磨光面在偏光显微镜垂直入射光照射下反射光强与入射光强的百分比，反射色是指矿物磨光面在偏光显微镜垂直入射光照射下所显示的颜色，这两项指标主要用自然光观察；矿物的双反射是指矿物的亮度（反射率）随结晶方位的改变而变化的性质，反射多色性是指矿物的反射色随结晶方位的改变而变化的性质，主要在单片光下观察；矿物的均质性是指转动物台时矿物在正交偏光下亮度和颜色均无变化的现象，而矿物的亮度和颜色随结晶方位的改变而变化的性质称为非均质性，显然这需要在正交偏光下观察；矿物的硬度是指矿物抵抗外来力学作用的能力，可以使用金属针刻划法、接触亮线移动法和显微硬度仪分别测定矿物的刻划硬度、抗磨硬度和抗压硬度；矿物的内反射是指透射光从矿物内部反射出来的性质，其显示的颜色称为内反射色，可以使用斜照光、正交偏光和油浸法进行观察。

偏光显微镜是岩石薄片鉴定研究常用的工具，这种鉴定手段是科研和生产中最基本、最有效、最迅速的方法之一，在矿物形态和结构研究方面是其他方法无所取代的。早期的岩矿鉴定报告只有文字描述没有显微镜图片，随着显微镜技术的发展，利用三目摄像即可获得影像，但是国内外技术人员的做法也只是通过肉眼鉴别岩石薄片中各种矿物的种类，因此通过智能图像采集软件鉴别矿物种类也成为了当前国内外技术人员最热衷的技术需求。

2.2.4　电感耦合等离子体质谱

电感耦合等离子体质谱是现代无机分析领域最强有力的分析技术之一，是以电感耦合等离子体为离子源，采用质谱分析器进行检测的无机多元素和同位素分析技术，能分析元素周期表中的 70 多种元素。与其他分析技术相比，它在精密度、灵敏度、多元素同时分析能力、抗干扰能力、自动化程度等方面具有很明显的优势。ICP-MS 法适用于地球化学勘查样品中微量、痕量元素的分析，这使得它在国土资源调查中起着十分重要的作用。

电感耦合等离子体质谱仪由 ICP 源（包括气体控制系统、点火装置、ICP 发生器和样品引入系统）、MS 仪（包括离子透镜系统、质量分析器、检测器和真空系统及电子系统）和两者间的接口三部分组成。工作过程是样品溶液由蠕动泵送入雾室，在常压和约 7 000 K 高温的 ICP 通道中被蒸发、原子化和电离，离子在加速电压作用下，经采样锥、截取锥，被离子透镜系统加速、聚焦后进入质谱仪，不同质核比的离子选择性通过四极杆质量分析器，射到电子倍增器上，输出信号经前置放大器和多道分析器检测，由计算机进行数据处理，给出测定结果（图 1-7）。

ICP-MS 样品前处理技术主要有湿法消解和微波消解，湿法消解是用无机强酸和/或强氧化剂将试样中的有机物质分解、氧化使待测组分转化为可测定形态的方法[9]。微波消解通过分子极化和离子导电两个效应对物质直接加热，促使固体样品表层快速破裂，产生新的表面与熔剂作用，从而在数分钟内有效分解样品。

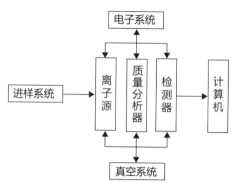

图 1-7 质谱仪的基本构成

2.2.5 激光剥蚀电感耦合等离子体质谱

将激光剥蚀系统（LA）和电感耦合等离子体质谱（ICP-MS）联用可以实现对固体样品的原位微区分析，它是 20 世纪 80 年代中期发展起来的一种新型分析技术[10]，其工作原理是将激光微束聚焦于固体样品的表面，利用足够的激光能量使固体样品破坏成细小的颗粒物质的形式，再利用载气将剥蚀出来的颗粒物质传输至质谱中，可以是 ICP-MS，也可以是 MC-ICP-MS（多接收电感耦合等离子体）[11]。

激光剥蚀系统主要由激光发生器、光束传输系统、剥蚀池和观测系统组成（图 1-8）。

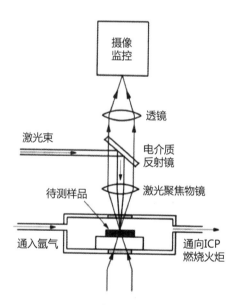

图 1-8 激光剥蚀系统结构简图

激光发生器分为固态和气态两类，在地质样品分析中，最常用的固态激光是铷钇铝榴石（Nd：YAG），激光波长为 1064 nm，其缺点是难以很好地剥蚀一些无色矿物，这是由于无色矿物对该波长的吸收系数较低。随后，气态激光器被开发，其将气体作为工作物质，能长时间较稳定的连续工作，并且操作方便，但是相比于固态激光器，它输出的能量密度一般较小。光束传输系统是由一系列透镜、反射镜组成的一套光学系统，其作用是将激光器产生的高能激光导入到样品表面进行剥蚀。剥蚀池的作用是放置分析样品，激光发生器产生的激光光束，由一系列的透镜、反射镜反射到聚焦物镜上，进而实现对样品表面的剥蚀，再通过载气运输剥蚀产生的气溶胶进入质谱。观测系统用 CCD 摄像头进行观测，用以调整激光器和样品间的距离使样品的分析位置正好处于激光焦点上，也可观察激光剥蚀的过程。

　　原位微区分析的优势包括：样品制备简单，低空白，可提供样品组成特征的空间分布信息，能避开外来物质微小包裹体的干扰，对了解矿物中元素的赋存状态、成矿机理等有重要的实用价值[12,13]。LA-ICP-MS 与最常用的微区分析技术 EPMA（电子探针）相比，检出限低 5~7 个数量级[14]，可实现痕量、超痕量元素的原位分析；与二次离子质谱（SIMS）和粒子诱发 X 射线荧光光谱（PIXE）等原位分析技术相比，LA-ICP-MS 的优势包括成本低、最佳条件下的低检出限、监控 3D 痕量元素分布的能力、辨别固溶体和离散天然块金中高度亲铁元素的能力[15,16]。

　　由于 LA-ICP-MS 的这些技术优势，它是硫化物矿物中痕量元素分析的一种强大的工具[17,18]。激光剥蚀固体进样技术，用于直接分析硫化物矿物，可以获得硫化物样品中元素的空间分布信息[19,20]，同时减少或消除溶液进样带来的一些多原子离子干扰问题。传统的整体分析（Bulk Analysis）技术测定硫化物中贵金属含量，不仅费时，而且无法区别铂族元素是存在于硫化物的固溶体中，还是在硫化物分散相里面或者黏附在硫化物分散相上，而 LA-ICP-MS 微区分析技术是准确认识这类空间分布信息最有前景的方法[21]。

3　化学计量学方法

3.1　主成分分析

　　主成分分析（PCA）是一种常用的考察多个变量间相关性的多元统计方法，被广泛应用于多个科学领域，如神经系统科学、计算机制图、水化学数据分析等，是解决数据冗余的有效手段。数据冗余度表现在两个变量之间的相关关系：对于相关性较好的两个变量，利用一个变量就可以预测一个变量，数据冗余度较高；对于无相关性的两个变量，数据冗余度较低。对于二维数据，冗余度可以通过拟合数据来判断；对于高维数据集，则需要通过协方差矩阵来判断。

　　主成分分析的中心思想是假设原始数据矩阵 X 可分解为两个小的矩阵的乘积（得分矩阵和载荷矩阵的乘积），其中：X 为原始数据矩阵，由 n 行（样本）和 p 列（特征）构成；T 为得分矩阵，由 n 行和 d 列（主成分数目）构成；L 为载荷矩阵，由 p 行 d 列构成，$T^T T$ 的对角线元素称为特征值。换句话说，借助投射矩阵 L^T 将 X 投射到 d 维子空间得到在此空间的目标坐标 T。T 中的列为得分向量，而 L 中的列称之为载荷向量。得分向量和载荷向量均为正交向量，如：

$$\begin{cases} L_i^T L_j = 0 \\ t_i^T t_j \quad (i \neq j) \end{cases}$$

这样数据将得以重建，以获取新的互不相关的变量。主成分的确定是以最大方差准则为基础的，方差矩阵中，正值代表两个变量之间成正相关，负值代表两个变量之间成负相关，矩阵中元素的绝对值代表数据冗余度。为最小化数据冗余度和最大化信噪比，有必要对方差矩阵进行优化。理想的最优方差矩阵应该满足以下两个条件：（1）最小化数据冗余度，要求协方差矩阵中非对角元素的值为0，即方差矩阵为对角阵；（2）方差矩阵中的每一连续维度应按照方差的大小排列。主成分可看作是原始数据矩阵 X 在新空间的投射，也就是得分矩阵 T（$T = XL$）。

在进行主成分分析的过程中，应当注意主成分分析的第一步是要选择所用的变量组合，也就是选择不同的离子组合，当然也包括一些物理参数，不同的组合对主成分分析的分析结果有一定影响。

3.2 聚类分析

聚类分析被广泛应用于统计学、机器学习、空间数据库、生物学以及市场营销等领域。聚类分析的基本思想是在多维空间中，同类化合物应靠近一些，相反，不同类的化合物离得远一些，即按照指标的属性和特征对样本和指标进行分类的一种多元统计分析方法。聚类分析中的"类"具有类内同质性和类间差异性，即聚得"类"内部差异性小，类与类之间差异性大。分类需要事先知道分类所依据的数据特征，定义样品之间以及类与类之间的距离，在各自成类的样本中，将距离最近的两类合并成一类，重新计算新类与其他类的距离，并按照最小距离归类，而聚类是一个无监督的过程并且是在寻找这个特征，这就是聚类与分类不同的地方。因此聚类分析在很多具体应用领域中，都被看做是一个预处理过程，是进一步对数据进行分析处理的基础。

定义类与类之间的距离有多种方法，不同的定义将产生不同的系统聚类分析方法。常用的方法有：最短距离法、最长距离法、中间距离法、重心法、类平均法、可变类平均法、可变法以及类商平方法等。这些方法总的递推公式为：

$$D_{ir}^2 = \alpha_p D_{ip}^2 + \alpha_q D_{iq}^2 + \beta D_{pp}^2 + r \left| D_{iq}^2 - D_{ip}^2 \right|$$

式中：D_{ij} 为类 G_i 和 G_j 之间的距离，各类方法的4个参数见表1-8。

表1-8　聚类法相关参数表

方法	α_p	α_q	β	r
最短距离法	1/2	1/2	0	−1/2
最长距离法	1/2	1/2	0	−1/2
中间距离法	1/2	1/2	−1/2	0
重心法	n_p/n_r	n_q/n_r	$-\alpha_p/\alpha_q$	0
类平均法	n_p/n_r	n_q/n_r	0	0
可变法	$(1-\beta)/2$	$(1-\beta)/2$	β	0
可变类平均法	$(1-\beta) n_p/n_r$	$(1-\beta) n_q/n_r$	β	0
类商平方法	$(n_i+n_p)/(n_i+n_r)$	$(n_i+n_q)/(n_i+n_r)$	$-n_i/(n_i+n_r)$	0

聚类分析是数据挖掘技术中一个重要的工具，它能够获得数据的分布情况，能够识别数据的密集区域和稀疏区域及每个类的属性特征，以及属性之间的相互关系等，聚类分析的研究目标主要有：面对高维、海量数据时，算法的有效性和实用性问题；

聚类算法的可伸缩性；分类属性数据聚类和混合属性数据聚类；基于模糊集的聚类；等等。因此，数据挖掘对聚类分析有其特殊的要求：可伸缩性要、能够处理不同类型的属性、强抗噪性、高维性、数据输入顺序不敏感性、可解释性和可用性等。由于数据挖掘面对的数据的种类越来越多，数据的维度也越来越高，对聚类分析技术的要求也越来越严格。

3.3　判别分析

判别分析是根据描述事物特征的变量值和它的所属类别找出判别函数，并以此为依据判断所研究的事物的所属类别。其目的是对已知分类的数据建立由数值指标构成的分类规则，然后把这样的分类规则应用到未知分类的样本中去。判别分析是应用性很强的一种多元统计方法，判别分析方法对问题求解可以这样描述：假设存在 n 个 k 维总体 G_1，G_2，$\cdots$，G_k，分布函数或特征已知，对于给定一个新的样本 x，要分析出样本出自哪个总体。

判别分析方法的实现可分 5 步进行。（1）检测判别分析对象，检测对象在提前分好的小组中的差异点，对获取的对象进行分类。在这些变量中，分析判别差异时，观察其中解释较多的数据，这些数据在判定样品类别时起的作用比较大。（2）判别分析设计，对解释变量和被解释变量，用判别分析加以摘选，设为定性变量。判别分析对样本量与预测变量的个数的比率是敏感的，因此也需要考虑样本的容量大小。（3）假定判别分析，在推算出判别分析函数前，首先假定解释变量的正态性，协方差阵相等，这样可以确保之后的计算满足条件。（4）判别模型估计与整体拟合评估，选择估计方法，推算判别分析函数，并找出其中的差异性，确定函数的有效性。（5）解释结论并验证，判别分析里有距离判别、贝叶斯判别、费歇尔判别等都是判别分析中的分析方法，判别方法不同，临界条件也不同。判别分析不仅对所判别的数据有成效，还能够对已知的分类数据进行回判，从而验证数据的真实性[22]。

判别分析和聚类分析有相似之处，都是起到分类的作用。两者不同之处在于：判别分析是已知一部分样本的分类，然后总结出判别规则，根据已总结的规则判定某一新样本应该归属在哪一类中，这是一种有监督的学习；聚类分析则是有了一批样本，不知道它们的分类，希望用某种方法把观测事物进行合理的分类，使得同一类的事物比较接近，不同类的则相差较多，这是无监督的学习[23]。

3.4　随机森林

随机森林由一棵棵相同或不同的决策树组成，这个专有名词形象地表现了决策树与随机森林两者的关系。以一条数据作为一个对象，据其多项指标进行分类，每棵树都选择一个类别进行"投票"，在森林中票数最多者即为此数据对象的类别。决策树是以层次的方式组织起来的一个问题集，并且用一棵树的图形来表示。对于一件给定的事物，决策树通过连续地提出关于其已知属性的问题来估计它的一个未知属性，下个问题问什么取决于前一个问题的答案。决策根据问题路径（这件给定的事物）的终端节点来做出。决策树可以被看做将复杂问题分解为简单问题集的一种方法，分解过程直至这个问题已足够简单，即已到达终端节点并找到已有的答案时结束。

目前，决策树的研究主要为三种算法，分别为 20 世纪 70 年代提出 ID3 决策树算法，80 年代提出的 CART 决策树算法与 90 年代的 C4.5 决策树算法。它们都是基于贪心算法，自上而下的构建树，其目的是从初始的混乱的集合过渡到最终一系列几乎纯的集合，贪心算法就是从"信息量最大的"问题开始。首先把初始的集合划分为两个子集，分别对应答案"是"或"否"，也是初始根节点的子节点（图 1-9）。贪心算法将第一个问题设计得尽可能使两个子集纯净，第一次划分完之后，以递归的方式继续对下一批两个子集使用同样的方法，设计合适的问题，如此重复，直到剩下的集合足够纯净，递归终止（图 1-10）。决策树的两个最主要的组成部分，一是纯度的定量度量，二是每个节点问的问题的类型[24]。

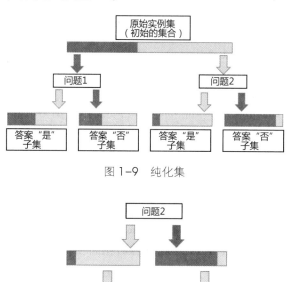

图 1-9　纯化集

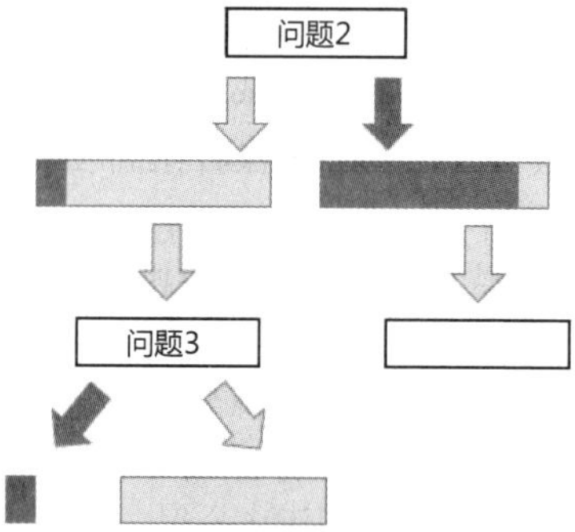

图 1-10　递归

随机森林是一种有效的分类预测方法，它有很高的分类精度，对于噪声和异常值有较好的稳健性，且具有较强的泛化能力。相较于传统的算法，随机森林具有着更高的准确性。因此，关于随机森林的研究在近几年迅速发展壮大，并在通信学、生物学、管理学、经济学等领域的应用中有所建树。

3.5　人工神经网络

人工神经网络是一种应用类似于大脑神经突触链接的结构进行信息处理的数学模型，其网络中含有大量人工神经元，这些神经元相互链接可以达到传递信息和处理数据的目的，是一种自适应的计算模型。人工神经元是生物神经元的简化描述，是对生物神经元的模拟，对于人工神经元这种信号传输由输入信号 x 与突触权重 w 得到输出

信号 y 来模拟实现，而不是由对生物神经元的真实模拟来体现（图 1-11）。人工神经网络由接受信号的输入层、输出信号的输出层及处于输入层和输出层之间的隐含层构成（图 1-12）。近年来人工神经网络已经在生物、经济、科技以及医学等多个方面起到十分显著的作用，同时人工神经网络也具有很广阔的发展前景。

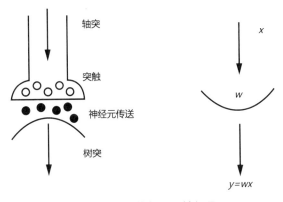

图 1-11　生物与人工神经元

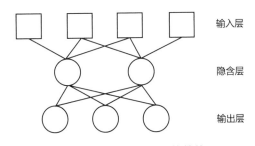

图 1-12　人工神经网络结构

对某一神经元信息处理过程分为三个部分，首先完成来自其他神经元的输入信号与神经元链接强突（突触的权重）的累积运算，再将其结果通过激活函数（传输函数），在这里与预先给定的阈值进行比较，若输入值大于阈值，则神经元被激活，给出输出值 y，否则神经元被抑制，不产生输出值（图 1-13）。典型的累积运算为求和运算。如果将神经元 j 的累积运算的结果记作 Net，则：

$$\mathrm{Net}_j = \sum_{i=1}^{n} x_i w_{ij}$$

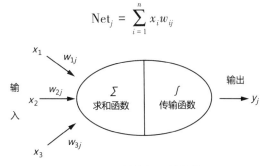

图 1-13　单神经元的运作

研究人工神经网络的非线性动力学性质的常用方法主要有统计理论、非线性理论和动力学理论，分析神经网络吸引子的性质以及演化的过程，了解神经信息处理的具体相关机制，研究分析神经网络在模糊性和整体性方面处理信息的可能。以人工神经网络为基础的模型主要有 BP 模型和 RBF 模型。BP 模型的计算量比较小，简单且易行，有比较好的并行性，是当前神经网络训练当中采用的相对比较成熟的一种算法。BP 算法最根本的内容是需要得到误差函数当中的最小值。标准误差逆传播算法属于一般的 BP 算法，每一次输入都需要对权值进行一次校正。此种算法并不是全局误差背景下完成的梯度下降计算，而是需要对不同神经元的输出完成求偏导数计算。RBF 神经网络的隐层单元基是径向基函数，从而形成专门的隐含层空间，对于输入其中的矢量可以通过隐含层完成变化，将维度更低的模式输入数据变换到更高维度的空间当中。即有导师和无导师两种。RBF 包含的学习算法按照在学习的时候是否需要外部相关指导信息的情况，将神经网络划分成两种类型。其中：有导师学习模式，需要先了解通过学习想要达到的效果，按照确定的某个具体的学习规则实现权值的修正；无导师学习模式，必须要强化信号或者是教师的相关信息，只需要输入特定的信息，借助自组织的方式来调整网络。

参考文献：

[1] 江少卿. 全球铜矿资源分布[J]. 世界有色金属,2018,(2):1-3.

[2] 张亮,杨卉芃,赵军伟,等. 世界铜矿资源系列研究之一——资源概况及供需分析[J]. 矿产保护与利用,2015,10(5):63-67.

[3] 张强,钟琼,贾振宏,等. 世界铜矿资源与矿山铜生产状况分析[J]. 矿产与地质,2014,28(2):196-201.

[4] 李鹏远,周平,唐金荣. 中国铜矿资源供应风险识别与评价:基于长周期历史数据分析预测法[J]. 中国矿业,2019,28(7):44-51.

[5] 李松,邓赛文,王毅民. X 射线荧光光谱技术在铬铁矿石分析中的应用文献评介[J]. 冶金分析,2019,39(8):67-75.

[6] 马军. 探讨金属元素在矿石样品成分中的化学分析与研究[J]. 世界有色金属,2018(13):170-218.

[7] 何丽,徐翠,修迪. 将 X 粉晶射线法、电子探针分析与岩矿坚定法应用于矿物分析[J]. 中国锰业,2016,34(3):158-163.

[8] 王苹. 矿石学教程[M]. 武汉:中国地质大学出版社,2008.

[9] 燕娜,赵生国,赵伟. 微波消解-电感耦合等离子体质谱测定铜精矿中稀有金属元素[J]. 岩矿测试,33(2):197-202.

[10] GRAY A L. Solid sample introduction by laser ablation for inductively coupled plasma source mass spectrometry[J]. Analyst (London),1985,110(5):551.

[11] 付佳丽. 利用 LA-MC-ICP-MS 原位微区精确测定硫化物和硫单质中的硫同位素组成[D]. 北京:中国地质大学,2016.

[12] LIU Y, HU Z,GAO S,et al. In situ analysis of major and trace elements of anhydrous minerals by LA-ICP-MS without applying an internal standard[J]. Chemical Geology,2008,257(1-2):34-43.

[13] 戴松涛,金雷,董国轩,等. 微区分析新方法[J]. 稀土,2001,(04):41-44.

[14] 王勤燕,陈能松,刘嵘. U-Th-Pb 副矿物的原地原位测年微束分析方法比较与微区晶体化学研

究[J].地质科技情报,2005,(01):7-13.

[15]CABRI L J,SYLVESTER P J,TUBRETT M N,et al. Comparison of LAM-ICP-MS and micro-PIXE results for palladium and rhodium in selected samples of Noril′sk and Talnakh sulfides[J]. Canadian Mineralogist,2003,41(2):321-329.

[16]BALLHAUS C,RYAN C G. Platinum-group elements in the Merensky reef. I. PGE in solid solution in base metal sulfides and the down-temperature equilibration history of Merensky ores[J]. Contributions to Mineralogy and Petrology,1995,122(3):241-251.

[17]WOOD S A,SAMSON I M. Elemental associations in the Coeur-Rochester Ag – Au mine,Nevada[J]. Geochimica et Cosmochimica Acta,2006,70(18):A706.

[18]SYLVESTER. Matrix effects in Laser Ablation-ICP-MS[M]//Jackson S E. Laser Ablation ICP-MS in the Earth Sciences:Current Practices and Outstanding Issues[J]. Mineralogical Association of Canada,2008:67-78.

[19]JARVIS K E,WILLIAMS J G,PARRY S J,et al. Quantitative determination of the platinum-group elements and gold using NiS fire assay with laser ablation-inductively coupled plasma-mass spectrometry (LA-ICP-MS) [J]. Chemical geology,1995,124(1):37-46.

[20]CHEW D,DROST K,MARSH J H,et al. LA-ICP-MS imaging in the geosciences and its applications to geochronology[J]. Chemical Geology,2021,559:119917.

[21]SYLVESTER P. A practicle guide to platinum group element analysis of sulphides by laser ablation icp-ms. In:Laser-ablation-icp-ms in the earth sciences:Principle and applications (ed. Sylvester)[J]. Mineralogical Society of Canada Short Course Series,2001,29:203-211.

[22]高惠璇. 应用多元统计分析[M]. 北京:北京大学出版社,2005.

[23]时立文. SPSS 19.0 统计分析从入门到精通[M]. 北京:清华大学出版社,2012.

[24]罗伯托·巴蒂蒂(意)著,王彧戈 译. 机器学习与优化[M]. 北京:人民邮电出版社,2018.

第二章　X射线荧光光谱在进口铜精矿产地溯源中的应用

1　研究现状

利用元素含量结合化学计量学进行产地识别已成为一种重要的研究方法，在食品、土壤、考古学、地球化学及矿石的研究中已有报道[1-5]。Gredilla 等[6] 使用非破坏性光谱技术结合化学计量学对环境分析样品进行了综述性研究。Alba 等[7] 应用近红外光谱和 X 射线荧光光谱与偏最小二乘法相结合的方法对西班牙不同地区的洋蓟进行定量分析，建立 PLS 模型测定矿物元素浓度。Claudio 等[8] 应用能量色散 X 射线荧光光谱与自组织映射神经网络结合的方法将硬币分为四大类，其结果揭示了硬币的起源。Fadwa 等[9] 应用 ICP-MS 对 4 个不同地区的 21 种橄榄油及其土壤中的 11 种元素进行表征，利用线性判别分析达到 92.1%的分类准确率。Moncayo 等[10] 应用激光诱导击穿光谱与人工神经网络建立一种对红酒原产分类的方法。

波长色散-X 射线荧光光谱分析具有制样简单、无损分析、稳定性好、灵敏度高等优点，能实现铜精矿中主次元素的快速测定，在海关日常监测系统中应用广泛。人工神经网络作为一种具有高度非线性映射能力的计算模型，能进行全局优化，提高资源预测的准确率，在光谱分析应用领域方面日益广泛。Akiko 等[11] 利用 X 射线荧光光谱法对不同进口国的 46 个大豆进行微量元素分析，采用 8 种元素（Mg、P、Cl、K、Mn、Cu、Br、Ba）浓度作为输入变量，结合多元统计分析建立日本大豆和其他国别进口大豆的判别函数，结果表明该判别函数能准确区分日本大豆和其他进口国大豆。Navid 等[12] 应用 X 射线荧光光谱结合神经网络对赤铁矿、磁铁矿、石英和铁矾矿进行识别。X 射线荧光光谱结合人工神经网络，为铜精矿产地溯源提供了一条可行的途径。

2　X射线荧光光谱在进口铜精矿主次元素检测方法

根据 GB/T 14263—2010《散装浮选铜精矿取样、制样方法》，制备粒度不大于100 μm 化学分析样。分析样于 105 ℃下烘干 4 h 后，采用压片机压片，压制样品在2.94×10^5 N 压力下维持 30~60 s，压制样品表面需均匀且无裂纹、脱落现象，使用德国布鲁克公司 S8 Tiger 型波长色散-X 射线荧光光谱仪中的半定量分析方法检测铜精矿样品中的元素含量。检测中使用铑靶光管（最大功率和电流分别为 4 kW 和 100 mA）、

4 个分析仪晶体（LiF200、XS-55、PET 和 Ge）、闪烁计数器（SC）等元件，使用 Best-vac28 模式对样品进行测量。表 2-1 列出了仪器的部分测量条件。

表 2-1　仪器测量条件

元素	分析线	晶体	峰位角/(°)	管电压/kV	管电流/mA	狭缝/(°)	探测器	检测限/10^{-6}
O	O Kα	XS-55	49.818	30	100	0.23	FC	46.0
Mg	Mg Kα	XS-55	20.550	30	100	0.23	FC	140.7
Al	Al Kα	PET	144.627	30	100	0.23	FC	83.7
Si	Si Kα	PET	109.008	30	100	0.23	FC	79.0
P	P Kα	PET	89.420	30	100	0.23	FC	64.3
S	S Kα	PET	75.536	30	100	0.23	FC	41.4
K	K Kα	LiF200	136.549	50	60	0.23	FC	46.0
Ca	Ca Kα	LiF200	113.007	50	60	0.23	FC	41.5
Ti	Ti Kα	LiF200	86.083	50	60	0.23	FC	35.9
Fe	Fe Kα	LiF200	57.477	60	50	0.23	SC	64.7
Cu	Cu Kα	LiF200	44.995	60	50	0.23	SC	67.3
Zn	Zn Kα	LiF200	41.767	60	50	0.23	SC	16.9
Mn	Mn Lα	LiF200	62.931	60	50	0.23	SC	24.8
As	As Kα	LiF200	33.968	60	50	0.23	SC	16.5
Mo	Mo Kα	LiF200	20.304	60	50	0.23	SC	11.4
Ag	Ag Kα	LiF200	15.985	60	50	0.23	SC	54.0
Pb	Pb Lβ	LiF200	28.266	60	50	0.23	SC	43.8

3　X 射线荧光光谱结合 BP 神经网络的进口铜精矿产地溯源模型

3.1　样品收集

从我国主要的铜精矿进口口岸采集并制备来自阿尔巴尼亚、菲律宾、马来西亚、秘鲁、纳米比亚、西班牙、伊朗和智利 8 个国家的进口铜精矿化学分析样品，共 280 批次。采集的样品容量大、分布地域广，具有一定的独立性和代表性，包含我国进口铜精矿的主要来源国。样品信息如表 2-2 所示，所在地理位置如图 2-1 所示。

表 2-2　铜精矿样品信息

国别	主要成矿类型[13]	所属成矿带[14]	建模样品数量	预测样品数量	样品总数
阿尔巴尼亚	斑岩型	地中海成矿带	10	4	14
菲律宾	斑岩型、VMS 型、矽卡岩型	东亚成矿带	33	6	39
秘鲁	斑岩型和矽卡岩型	南美安第斯成矿带	44	11	55
纳米比亚	斑岩型	非洲—阿拉伯成矿区	23	8	31
西班牙	VMS 型	地中海成矿带	16	3	19
马来西亚	斑岩型	中南半岛成矿带	32	6	38
伊朗	斑岩型和矽卡岩型	西亚成矿带	17	5	22
智利	斑岩型、砂页岩型	南美安第斯成矿带	51	11	62

图 2-1　铜精矿国别分布图

3.2　数据处理

3.2.1　逐步判别-费歇尔判别分析

逐步判别分析属于有监督的分类方式，先对已知的样品进行分类以建立模型，再对未知样品进行预测分类[15]。在逐步判别分析中通过 F 值进行变量评估和特征选择，其本质是选取类内差异小、类间差异大的特征[16]，选择出对判别函数有显著影响的变量。变量能否进入模型主要取决于 F 值，当 F 值大于指定值时保留该变量，而 F 值小于指定值时，该变量从模型中剔除。选取合适的 F 值可用最少的变量达到最佳判别效果[17]。

3.2.2　反向传播人工神经网络

人工神经网络是一种基于连接学说构造的智能仿生模型，是由大量神经元组成的非线性动力系统，其中最著名的是反向传播人工神经网络（back propagation artificial neutal networks，BP-ANN），简称 BP 神经网络。BP 神经网络采用的是有监督学习方式，具有前馈性神经网络的基本结构包含输入层、隐含层和输出层，神经网络结构图如 2-2 所示。在本章建立的 BP 神经网络识别模式中，每层传递函数采用的是 tansig 函数，该函数在 Matlab 软件中的运行速度很快，如式 2-1 所示。输出层到隐藏层的传递函数采用的是 softmax 函数，该函数是当前在深度学习研究中应用最广泛的分类函数[18]，如式 2-2 所示。训练函数采用的是共轭梯度法中的 trainscg 函数，该函数是解大型线性和非线性方程最有效算法之一，具有存储量小、稳定性高等优点，该函数的训练参数值如表 2-2 所示。

$$\text{tansig}(n) = \frac{2}{1 + \exp(-2n)} - 1 \tag{2-1}$$

$$\text{softmax}(n) = \frac{\exp(n)}{\text{sum}(\exp(n))} \tag{2-2}$$

式中：n 为输入变量个数。

表 2-3 trainscg 训练参数

参数	值	参数解释
epochs	1000	Maximum number of epochs to train
show	25	Epochs between displays
show Command Line	false	Generate command-line output
show Window	true	Show training GUI
goal	0	Performance goal
time	inf	Maximum time to train in seconds
min_ grad	e^{-6}	Minimum performance gradient
max_ fail	6	Maximum validation failures
sigma	$5.0e^{-5}$	Determines change in weight for second derivative approximation.
max_ fail	$5.0e^{-7}$	Parameter for regulating the indefiniteness of the Hessian.

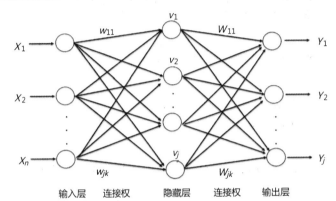

图中：X_n—输入单元；v_j—隐单元；Y_j—输出单元；

w_{jk}—从输入单元 k 至隐单元 j 的连接权值；W_{jk}—从隐单元 j 至输出单元 k 的连接权值。

图 2-2 神经网络结构图

3.3 结果与讨论

3.3.1 分类识别流程图

应用波长色散-X 射线荧光光谱无标样法对 8 个国别 280 批进口代表性铜精矿样品进行分析，通过选择元素变量建立不同的分类识别模型，流程图如图 2-3 所示。

3.3.2 元素的选择

采用波长色散-X 射线荧光光谱无标样分析法对收集的 280 份已知产地国的铜精矿样品进行检测，结果表明，收集铜精矿样品共计能检出 53 种元素，具体包括 O、Na、Mg、Al、Si、P、S、Cl、K、Ca、Ti、V、Cr、Mn、Co、Fe、Ni、Cu、Zn、As、Se、Rb、Sr、Zr、Mo、Ag、Cd、Sn、Sb、Pb、Bi、Rh、Ba、W、Tl、Hf、Ho、Ce、Gd、Er、Hg、Sc、Br、Ga、Ge、F、Lu、Nb、Ir、La、Te、Eu、Y。这些元素在 280 个样品中的检出情况为：100%检出的元素有 O、Al、Si、S、Fe、Cu；检出数量大于 85%的元素有 Mg、Ca、K、Mn、Zn、Ti、Mo、Pb、As、P，检出比例分别为 99.29%、99.29%、98.93%、98.57%、98.57%、96.07%、95.36%、92.50%、87.50%、87.14%；检出数

量比例低于 85% 的元素有 Ni、Sr、Ag、Se、Er、Cr、Zr、Na、Cl、Bi、V、Sb、Ba、Rb、Cd、Gd、W、Co、Ho、Ce、Sn、Hf、F、Hg、Br、Ga、Nb、Rh、Ir、La、Tl、Sc、Ge、Lu、Te、Eu、Y，检出比例分别为 79.64%、77.86%、77.50%、76.43%、76.43%、68.57%、64.29%、60.71%、60.71%、39.29%、31.79%、26.43%、24.64%、23.57%、14.29%、13.57%、9.64%、7.86%、7.14%、7.14%、4.29%、2.50%、2.14%、1.43%、1.07%、1.07%、1.07%、0.71%、0.71%、0.71%、0.36%、0.36%、0.36%、0.36%、0.36%、0.36%、0.36%。

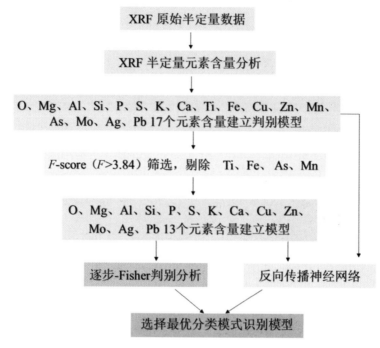

图 2-3　分类模式识别流程图

采用上述结果建立铜精矿产地识别模型。但考虑到实际应用，仅选择铜精矿样品中检出比例较高的元素，因此以 280 个铜精矿样品中检出比例大于 85% 的 16 种元素（O、Mg、Al、Si、P、S、K、Ca、Ti、Fe、Cu、Zn、Mn、As、Mo、Pb）含量作为特征变量。虽然 Ag 的检出比例只有 77.50%，但却是铜精矿检测合同规格中的必检元素之一，因此也一并提取。故用以上 17 种元素含量建立产地识别模型，如涉及到未检出，均用检出限含量进行代替。

对 8 个国别铜精矿的 17 个元素（Fe、Cu、S、O、Si、As、Mo、Mn、P、Ag、Ti、K、Zn、Pb、Mg、Al、Ca）含量做平均值条形图（如图 2-4 所示），对比分析可以看出：在 Fe 元素含量（即质量分数）中，阿尔巴尼亚样品中 Fe 含量（31.67%）最高，是最低的伊朗样品中 Fe 含量（9.6%）的 3.2 倍。在 Cu 元素含量中，8 个国家的样品相差不大，但其中含量最高（27.66%）的纳米比亚样品是菲律宾样品（9.47%）的 2.9 倍。在 S 元素含量中，阿尔巴尼亚样品中 S 含量（28.62%）最高，是最低的伊朗样品中 S 含量（4.35%）的 6.5 倍。在 O 元素含量中，菲律宾样品中 O 含量（30.79%）最高，是最低的纳米比亚样品中 O 含量（6.59%）的 4.6 倍。在 Si 元素含量中，菲律宾样品中 Si 含量（16.08%）最高，是最低的纳米比亚样品中 Si 含量（1.57%）的 10.2 倍。菲律宾 As 含量高于其余 7 个国家，Ti 含量仅次于伊朗。马来西亚的 Mg、Ca 含量均高于其余 7 个国家，Ti 含量均低于伊朗秘鲁中的 Mo 含量比其余 7 个国别的含量要高出 10-100 倍。纳米比亚 Fe、Cu、S 含量均高于其他 7 个国家的含量，O、Si、Al、Zn、K、As 相对其他国家含量偏低。西班牙 Zn、Pb、含量均比其余国家的含量高出 100-1000 的倍。伊朗 O、Al、K、Mo、P、Ti、含量均比其余国家要高，且 O 和 Al 在纳米比亚中相对于其他国别而言含量最低。

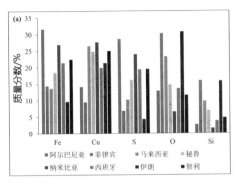
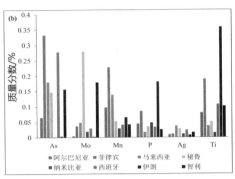
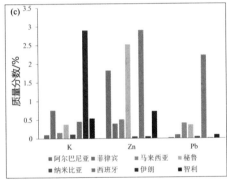
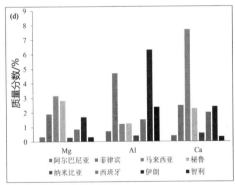

（a）Fe、Cu、S、O、Si；（b）As、Mo、Mn、P、Ag、Ti；
（c）K、Zn、Pb；（d）Mg、Al、Ca。

图 2-4 铜精矿样本的元素均值含量条形图

综合以上元素分析可知：阿尔巴尼亚中的 Fe、S 含量较高，Cu、Ca 含量较低；菲律宾中的 O、Si、As、Ti、含量较高，Cu 含量较低；马来西亚中的 Cu、Mg、Ca 含量较高；纳米比亚中的 Fe、Cu、S、Al 含量较高，O、Si、Zn、K、As 含量较低；西班牙中的 Zn、Pb，秘鲁中的 Mo，均高于其余 7 个国家；智利铜精矿检测的含量用肉眼很难与其他国家进行比较。由于不同国别间的元素含量不同，对判别分析模型的贡献度不同，因此后文对这 17 种元素采用费歇尔值进行变量筛选[19]。

3.3.3 逐步判别-Fisher 判别分析分类结果

逐步判别分析可以在进行判别分析前首先剔除不重要的变量，有利于数据分类的有效性[20]。分析我国主要铜精矿进口口岸的 8 个国别 280 个铜精矿样品，应用 SPSS 23.0 软件建立判别分析模型，建模过程中选取 226 个样品作为训练集，54 个预测样品用于检验模型的准确性。同时将阿尔巴尼亚、菲律宾、马来西亚、秘鲁、纳米比亚、西班牙、伊朗和智利在模型中分别用数字 1、2、3、4、5、6、7、8 表示。训练样品及预测样品的选取如表 2-1 所示。

建立铜精矿产地溯源模型，首先采用逐步判别分析对 O、Mg、Al、Si、P、S、K、Ca、Ti、Fe、Cu、Zn、Mn、As、Mo、Ag、Pb 17 个元素进行变量筛选，本章选取 $F-score$ 值为 3.84 作为系统默认的参数设置，经过逐步判别分析，Pb、K、Cu、Ag、O、Mo、Mg、P、Zn、S、Al、Si、Ca 13 个元素留在模型中用于建立判别函数，Ti、Mn、Fe、As 因未通过 F 检验（F 值<3.84）而从模型中剔除[21]，因此采用 13 个元素建立 Fisher 判别分析模型，得到 7 个判别函数和相应的组质心处的函数。分别计算 7 维坐标与 8 个国别组质心坐标的距离，最近距离对应的国别，即为该样品的国别预测结果。

判别函数：

$$F_1 = 0.069X_1 + 0.251X_2 - 0.213X_3 - 0.045X_4 - 18.201X_5 + 0.033X_6 - 1.529X_7 - 0.033X_8 + 0.138X_9 + 0.001X_{10} + 4.499X_{11} - 13.8895X_{12} + 2.686X_{13} - 3.625$$

$$F_2 = -0.047X_1 + 0.536X_2 - 0.327X_3 - 0.045X_4 - 6.618X_5 - 0.1X_6 + 1.494X_7 + 0.011X_8 + 0.16X_9 + 0.464X_{10} + 2.196X_{11} + 73.322X_{12} - 3.636X_{13} - 4.144$$

$$F_3 = 0.105X_1 + 0.205X_2 - 0.509X_3 - 0.273X_4 + 13.51X_5 - 0.063X_6 + 3.058X_7 + 0.011X_8 + 0.154X_9 + 0.371X_{10} - 0.513X_{11} - 40.253X_{12} + 2.393X_{13} - 4.342$$

$$F_4 = 0.056X_1 - 0.012X_2 + 0.111X_3 + 0.14X_4 - 1.643X_5 - 0.096X_6 - 1.048X_7 - 0.161X_8 - 0.03X_9 + 0.626X_{10} + 4.268X_{11} + 9.56X_{12} + 0.659X_{13} - 0.668$$

$$F_5 = -0.203X_1 + 0.289X_2 + 0.165X_3 + 0.095X_4 + 4.196X_5 - 0.018X_6 + 0.412X_7 - 0.156X_8 - 0.059X_9 + 0.417X_{10} + 4.484X_{11} - 25.523X_{12} - 0.261X_{13} + 3.121$$

$$F_6 = 0.237X_1 - 0.117X_2 - 0.736X_3 - 0.255X_4 + 2.821X_5 + 0.144X_6 + 1.591X_7 + 0.139X_8 - 0.131X_9 + 0.364X_{10} + 1.444X_{11} + 12.061X_{12} - 1.055X_{13} - 1.539$$

$$F_7 = -0.155X_1 + 0.243X_2 - 0.174X_3 + 0.25X_4 + 28.721X_5 - 0.008X_6 - 1.632X_7 - 0.004X_8 + 0.24X_9 + 0.148X_{10} - 2.185X_{11} - 15.951X_{12} + 0.203X_{13} + 0.338$$

式中：$X_1 \sim X_{13}$ 分别代表 O、Mg、Al、Si、S、P、K、Ca、Cu、Zn、Mo、Ag、Pb 含量。

所述的 7 维 Fisher 判别模型对应的国别组质心的坐标分别为：

阿尔巴尼亚（-0.597，-3.082，-2.757，-1.485，0.153，3.456，-0.527）；

菲律宾（-3.763，-2.312，-2.796，2.219，-0.568，-0.356，0.348）；

马来西亚（2.182，2.611，0.124，-0.010，-3.002，0.055，-0.185，）；

秘鲁（2.035，2.956，0.410，1.400，1.528，0.343，0.416）；

纳米比亚（0.347，-0.962，-0.650，-3.288，0.087，-0.389，1.351）；

西班牙（5.184，-6.850，4.60，1.110，-0.120，-0.161，-0.070）；

伊朗（-7.841，1.331，5.779，-0.582，-0.004，0.250，-0.169）；

智利（0.257，0.051，-1.158，-0.960，0.903，-0.635，-0.895）。

取前两个判别函数和组质心处的函数作图，如图 2-5[22] 所示。由图 2-5 可以看出：模型中的伊朗、西班牙、菲律宾、阿尔巴尼亚质心间的距离较远；马来西亚和秘鲁，智利和纳米比亚质心间的距离较近。在对智利的铜精矿识别中有少数样品落在离纳米比亚、马来西亚和秘鲁质心更接近的位置，其原因可能是此次分析的样品均为斑岩型铜矿成矿类型较为相似，且智利铜矿的元素特征较不明显，故被判为其他国别的可能性增加。具体的分类结果如表 2-3 所示。

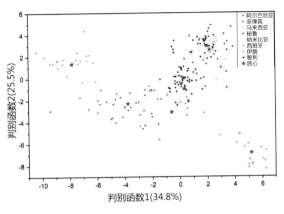

图 2-5 判别函数散点图

表 2-3 逐步判别-Fisher 判别分析分类结果

国别（代码）	训练样品		未知测试样品
	分类准确率/%	交叉验证准确率/%	识别准确率/%
阿尔巴尼亚（1）	100	100	100
菲律宾（2）	97	90.9	100
马来西亚（3）	100	96.9	100
秘鲁（4）	95.5	95.5	100
纳米比亚（5）	100	100	100
西班牙（6）	100	100	67.7 *
伊朗（7）	100	100	100
智利（8）	80.4	80.4	90.9
总计	94.2	92.9	96.7

注：* 表示样品量少，3 个未知样品中有一个误判。

由于交叉验证可有效验证模型的准确度[23-24]，因此本章采用留一交叉验证法对建模时用的样品进行验证，未知测试样品为建模过程中预留的用于测试模型识别正确率的样品。模型对建模样品分类准确率为 94.2%，模型交叉验证准确率为 92.9%，说明该模型有很好的分类准确度[25-26]。

为了确定模型是否可以对未包含在模型中的样品进行识别，分析了建模时选择的 54 个作为测试样品的铜精矿样品，模型对测试样品识别准确率达 96.7%。在模型中对阿尔巴尼亚、纳米比亚和伊朗的识别准确率均为 100%。虽然菲律宾、秘鲁和智利出现个别样品识别错误的情况，但从整体上看，采用逐步判别-Fisher 判别分析对不同国别铜精矿的识别仍然具有很好的效果。

3.3.4 BP 神经网络模式识别分类结果

将 8 个国家共 280 份样品按 8:2 的比例分为两部分：226 个建模集和 54 个预测集。在建模的过程中，为确保模型的随机性，将 226 个建模样品按 70%、15%、15%的比例由计算机自动随机进行选取训练集、校正集与验证集，即从 226 个样品中随机抽取 158 个样品为训练集，34 个样品为校正集，34 个样品为测试集，建立模型，再利用建立的模型对 54 个预测样品进行识别。

用 X 射线荧光光谱测得的 O、Mg、Al、Si、P、S、K、Ca、Ti、Fe、Cu、Zn、Mn、As、Mo、Ag、Pb 17 种元素含量建立铜精矿识别模型。8 个不同国别作为输出层，在计算机建模时，将阿尔巴尼亚、菲律宾、马来西亚、秘鲁、纳米比亚、西班牙、伊朗和智利分别用数字 1、2、3、4、5、6、7、8 表示，建立具有 10 个隐藏层的三层人工神经网络，BP 神经网络模型结构如图 2-6 所示。具体分析结果如图 2-7 所示。

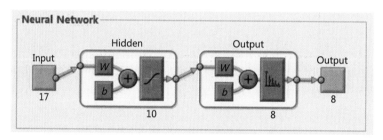

图 2-6　BP 神经网络模型结构图

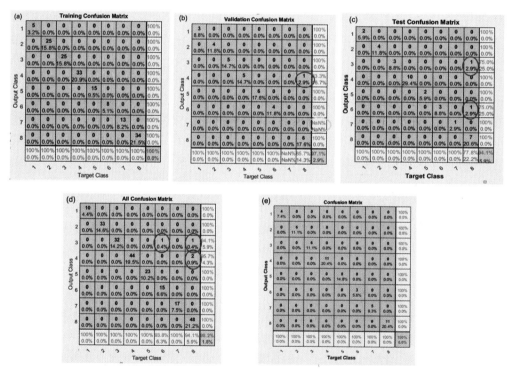

（a）训练集；（b）验证集；（c）测试集；（d）建模样品；（e）未知测试样品；
1-阿尔巴尼亚；2-菲律宾；3-马来西亚；4-秘鲁；5-纳米比亚；6-西班牙；7-伊朗；8-智利；
图b中，由于BP神经网络模式识别是随机抽取样品的，在验证集中国别为7（伊朗）没有抽取样品，因此结果为NaN%。

图 2-7　BP 神经网络模式识别分类结果

图 2-7(a)-(c)分别为输入层为 17 个变量的 BP 神经网络分类识别模型中的训练

集、验证集和测试集的分类结果；图 2-7(d)为建立的 BP 神经网络模型的整体分类结果；图 2-7(e)为神经网络模型对未知的样品进行预测的分类结果。

由图 2-7(a)可知，训练集中的 158 个样品 100%分类正确。由图 2-7(b)可知，在验证集中有一个国别为 4（秘鲁）的样品被识别为 8（智利），图中蓝色圆圈标示。由图 2-7(c)可知，在测试集中国别为 3（马来西亚）和 6（西班牙）分别有一个样品被识别为 8（智利），图中蓝色圆圈标示。这 3 个样品被错误识别为智利，其原因与样品的成矿类型、所属成矿带有关。由于在地理位置上，秘鲁和智利接壤，且均位于南美洲的南美安第斯斑岩铜矿成矿带，本次检测的样品有可能是来自同一矿脉的样品，矿石元素含量相近，因此出现误判。在图 2-7(d)中，建立的 BP 神经网络分类模型的分类准确率为 98.2%，可知该模型具有很稳定的分类效果。在图 2-7(e)中，可以看出 54 个用于预测该模型的未知样品均 100%识别正确。从整体上来看，采用 BP 神经网络建模的 226 份样品中，只有 4 个样品被误判，222 份样品正确识别，且用该模型对未知的 54 份预测样品均正确识别，具有很好的分类效果。

3.3.5　逐步判别后-BP 神经网络模式识别分类结果

由于神经网络模型中的输入层对输出层的结果起决定性作用，因此考虑将通过逐步判别分析 F-score 筛选的 O、Mg、Al、Si、P、S、K、Ca、Cu、Zn、Mo、Ag、Pb 13 种元素含量作为输入层建立铜精矿分类识别模型。8 个不同国别作为输出层，在计算机建模时，将阿尔巴尼亚、菲律宾、马来西亚、秘鲁、纳米比亚、西班牙、伊朗和智利分别用数字（1、2、3、4、5、6、7、8）表示，建立具有 10 个隐藏层的三层人工神经网络，BP 神经网络模型结构如图 2-8 所示。具体分析结果如图 2-9 所示。

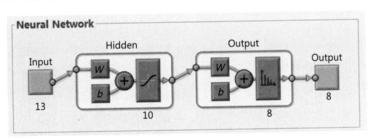

图 2-8　逐步判别后-BP 神经网络模型结构图

图 2-9(a)-(c)分别为输入层为 13 个变量的 BP 神经网络分类识别模型中的训练集、验证集和测试集的分类结果；图 2-9(d)为建立的 BP 神经网络模型的整体分类结果；图 2-9(e)为神经网络模型对未知的样品进行预测的分类结果。

由图 2-9(a)和 2-9(c)可知，训练集中的 158 个样品和测试集中的 34 个样品均被 100%分类正确。在图 2-9(b)中，可以看出在验证集中有一个国别为 8（智利）的样品被识别为 2（菲律宾），图中蓝色圆圈标示。从地理位置上分析，菲律宾位于环太平洋的东亚成矿带，智利位于南美安第斯成矿带，两者虽在矿带之间没有联系，但是本次检测的样品可能均为斑岩型铜矿，矿石成因相似，元素含量相近，因此识别错误。其他国别的分类均为 100%识别正确。在图 2-9(e)中，可以看出建立的 BP 神经网络分类模型的分类准确率为99.6%，可知该模型具有很稳定的分类效果。在图2-9(e)中，可以看出54个用于预测该模型的未知样品均100%识别正确。从整体上来看，采用BP神经网络建模的226份样品中，只有1个样品被误判，而225份样品正确识别，且该模型对未知的54个预测样品均正确识别，具有很好的分类效果。

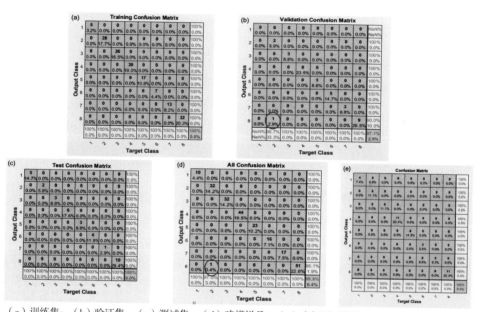

（a）训练集；（b）验证集；（c）测试集；（d）建模样品；（e）未知测试样品；
（1-阿尔巴尼亚；2-菲律宾；3-马来西亚；4-秘鲁；5-纳米比亚；6-西班牙；7-伊朗；8-智利）。

图2-9 逐步判别后-BP神经网络模式识别分类结果

3.3.6 不同模型分类结果比较

3次建模的对比结果如表2-4。3次建模的识别准确率均高于90%，可见其对这8个国别的铜精矿样品的识别效果很好。对比神经网络模式识别与Fisher-判别分析，发现神经网络模式识别比Fisher-判别分析具有更高的识别准确度，原因在于神经网络属于机器学习，可以逼近任何连续的非线性曲线，训练函数使用基于最优化理论训练算法的共轭梯度法，其搜索沿着共轭方向进行，能产生更快的收敛速度，解决传统神经网络中收敛速度慢的问题，具有自适应性、自组织性、容错性的优点，所以神经网络模式识别体现出更佳的分类准确率。

比较两个输入变量不同的神经网络模型的结果可知，经F值筛选元素后的神经网络模型准确率更高一些，其原因可能是F值的筛选能减少特征变量个数，选择差异大的信号特征，从而提高分类准确率。

表 2-4　铜精矿建模的分类结果识别准确率/%

模型 类别 国别	逐步-Fisher 判别分析			神经网络 模式识别					基于逐步判别— 神经网络模式识别			
	训练 样品	交叉 验证	预测 样品	训练集	校正集	验证集	建模 样品	预测 样品	训练集	校正集	验证集	建模 样品
阿尔巴尼亚	100	100	100	100	100	100	100	100	100	—	100	100
菲律宾	97	90.9	100	100	100	100	100	100	100	66.7	100	97.0
马来西亚	100	96.9	100	100	100	100	100	100	100		100	100
秘鲁	95.5	95.5	100	100	100	100	100	100	100		100	100
纳米比亚	100	100	100	100	100	100	100	100	100		100	100
西班牙	100	100	67.7	100	100	100	100	100	100		100	100
伊朗	100	100	100	100	—	100	100	100	100		100	100
智利	80.4	80.4	90.9	100	85.7	77.8	94.1	100	100		100	100
总计	94.2	92.9	96.7	100	97.1	94.1	98.2	100	100	97.1	100	99.6

4　本章小结

本章利用波长色散-X 射线荧光光谱无标样分析法测定智利、秘鲁、菲律宾、西班牙、纳米比亚、伊朗、马来西亚、阿尔巴尼亚 8 个国家 280 份铜精矿样品的元素含量，选择 226 个样品作为训练样本，54 个样品作为预测样本，建立不同国别的分类模型。

比较逐步-Fisher 判别分析、神经网络模式识别、逐步判别-神经网络模式识别 3 种模型的结果，2 种神经网络模式识别的结果均优于逐步-Fisher 判别分析的结果，从算法上来看，机器学习神经网络的非线性判别优于 Fisher 的线性判别。2 次神经网络模式识别的结果都很好，由于逐步分析具有特征提取的作用，因此建议采用筛选出的 O、Mg、Al、Si、P、S、K、Ca、Cu、Zn、Mo、Ag、Pb 13 种元素含量作为特征变量，减少变量个数，建立铜精矿国别的产地溯源模型。该模型为不同国别铜精矿元素含量提供了基础数据与理论依据，通过 X 射线荧光光谱无标样分析测定铜精矿样品的 13 种元素含量并建立神经网络模式识别模型，可以快速识别铜精矿国别。模型识别准确率与模型样品的产地以及建模样品数量存在很大的关系，随着后续收集样品的数量增加，模型的稳定性也将得到进一步提升。

参考文献：

[1] MOHAMMED W, HARI R U, KRIS L, et al. Differentiating the geographical origin of Ethiopian coffee using XRF- and ICP-based multi-element and stable isotope profiling[J]. Food Chemistry, 2019, 290: 295-307.

[2] KANIU M I, ANGEYO K H, MWALA A K, et al. Energy dispersive X-ray fluorescence and scattering assessment of soil quality via partial leasts quares and artificial neural networks analytical modeling approaches[J]. Talanta, 2012, 98: 236-240.

［3］Colao F,Fantoni R,Ortiz P,et al. Quarry identification of historical building materials by means of laser induced breakdown spectroscopy,X-ray fluorescence and chemometric analysis［J］. Spectrochim Acta Part B:Atomic Spectroscopy,2010,65(8):688-694.

［4］Michelle J R. Realising the potential of portable XRF for the geochemical classification of volcanic rock types［J］. Journal of Archaeological Science,2019,105:31-45.

［5］Francesco A M D,Bocci M,Crisci G. M. Application of non-destructive XRF method to the study of the provenance for archaeological obsidians from Italian,Central European and South American sites［J］. Quaternary International,2018,468:101-108.

［6］Gredilla A,Vallejuelo S F,Elejoste N,et al. Non-destructive Spectroscopy combined with chemometrics as a tool for green chemical analysis of environmental samples:A review［J］. Trends in Analytical Chemistry,2016,76:30-39.

［7］Alba M,Maria M G,Salvador G,et al. Green direct determination of mineral elements in artichokes by infrared spectroscopy and X-ray fluorescence［J］. Food Chemistry,2016,196:1023-1030.

［8］Claudio A,Stefano B,Fiorenzo C,et al. X-Ray fluorescence analysis and self-organizing maps classification of the etruscan gold coin collection at the monetiere of florence［J］. Applied Spectroscopy,2016,70(10):1-6.

［9］Fadwa D,Maki A,Koji B,et al. Interregional traceability of tunisian olive oils to the provenance soil by multielemental fingerprinting and chemometrics［J］. Food Chemistry,2019,283:656-664.

［10］Moncayo S,Rosales J. D,Anzano J,et al. Classification of red wine based on its protected designation of origin(PDO) using laser-induced breakdown spectroscopy(LIBS)［J］. Talanta,2016,158:185-191.

［11］Akiko O,Akiko H,Izumi N,et al. Determination of trace elements in soybean by X-ray fluorescence analysis and its application to identification of their production areas［J］. Food Chemistry,2014,147:318-326.

［12］Navid K,Olli H,Lauri K,et al. On-stream mineral identification of tailing slurries of an iron ore concentrator using data fusion of LIBS,reflectance spectroscopy and XRF measurement techniques［J］. Minerals Engineering,2017,113:83-94.

［13］陆安祥,王纪华,潘立刚,等.便携式 X 射线荧光光谱测定土壤中 Cr,Cu,Zn,Pb 和 As 的研究［J］.光谱学与光谱分析,2010,30(10):2848-2852.

［14］江少卿.全球铜矿资源分布［J］.世界有色金属,2018,(2):1-3.

［15］刘飞,杨春艳,谢建新.红外光谱和逐步判别分析法应用于油菜籽的研究［J］.光谱学与光谱分析,2016,36(5):94-99.

［16］王欣杰,李海峰,马琳,等.基于 F-score 的大数据公共空间模式选择方法［J］.燕山大学学报,2014,38(5):432-439.

［17］曹晓兰,陈星明,张帅,等.高光谱参数和逐步判别的苎麻品种识别［J］.光谱学与光谱分析,2018,38(5):225-229.

［18］李理,应三丛.基于 FPGA 的卷积神经网络 Softmax 层实现［J］.现代计算机(专业版),2017,(26):21-24.

［19］武素茹,谷松海,宋义,等.进口铁矿产地鉴别模型的建立［J］.计算机与应用化学,2014,(12):137-140.

［20］Sabzi S,Javadikia P,Rabani H,et al. Mass modeling of bam orange with ANFIS and SPSS methods for using in machine vision［J］. Measurement,2013,46(9):3333-3341.

［21］陈家伟,胡翠英,马骥,等.荧光光谱法结合 Fisher 判别分析在西洋参鉴别中的应用［J］.光谱学与光谱分析,2017,37(4):1157-1162.

[22]李艳敏,张立严,狄红梅.等.主成分和判别分析在清香型白酒产地溯源中的应用[J].中国酿造,2018,37(1):145-148.

[23]Viviana G. R,Thaís C. O,Fernando A. S. Bayesian cross-validation of geostatistical models[J]. Spatial Statistics,2020,35:1-23.

[24]Lamnisos D,Griffin J. E,Steel M. F. J. Cross-validation prior choice in Bayesian probit regression with many covariates[J]. Statistics and Computing,2012,22(2):359-373.

[25]叶超凡,秦建新.基于Bayes判别分析法的郴州市山洪灾害预报[J].湖南生态科学学报,2017,4(4):32-39.

[26]李乡儒,胡占义,赵永恒.基于Fisher判别分析的有监督特征提取和星系光谱分类[J].光谱学与光谱分析,2007,27(9):1898-1901.

第三章　X射线粉晶衍射在进口铜精矿产地溯源中的应用

1　研究现状

利用光谱图谱的指纹特征结合化学计量学进行产地识别是一种重要的研究方法[1-2]。Bi 等[3] 应用激光诱导击穿光谱和拉曼光谱对 6 种不同的矿物（石膏、锂辉石、重晶石、赤铁矿、月/长石和拉布拉多石）进行检测，结合主成分分析、偏最小二乘、神经网络和支持向量机分别对激光诱导击穿光谱、拉曼光谱和融合的激光诱导击穿光谱/拉曼光谱据进行分类建模。Youd 等[4] 收集了饲养场中的家禽——鸡的摄食活动和实时体的相关的 6 类特征（共 34 个特征），然后将这些特征数据与相应的每日个体产卵记录相结合，采用随机森林特征重要性的算法处理数据，将特征重要性进行排序，选取 28 个重要特征变量构建随机森林分类模型，结果表明该模型能够准确地判断饲养厂中家禽鸡的产卵期在某一天是否下蛋，准确率约为 85%。Tang 等[5] 采集了三种不同类型矿渣（平炉炉熔渣、转炉渣和高钛渣）样品的激光诱导击穿光谱，光谱预处理后采用随机森林特征重要性的方法提取光谱的重要变量，利用输入变量的重要性提高样品分类模型的性能，以样品归一化后综合强度最大的 LIBS 光谱（200~500 nm）作为输入变量，分别建立 PLS-DA、SVM、RF 和 VIRF 分类模型，结果表明，与其他三种模型相比，VIRF 模型具有更好的分类效果。Sheng 等[6] 采用激光诱导击穿光谱与随机森林相结合的方法，对 10 个不同品级的铁矿进行鉴定与分类，随机森林分类的平均预测准确率为 100%。

X 射线衍射技术具有制样简单、无损分析优点，在海关日常监测系统中应用广泛。随机森林分类方法是一种简单且易于实现的机器学习算法，与传统的分类算法相比具有良好的抗噪性能和分类精度高的优点[7-8]。目前尚无将 X 射线衍射光谱与机器学习方法相结合应用于铜精矿产地识别的报道，本章对此做了尝试性研究。

2　X射线衍射对进口铜精矿的物相检测方法

根据 GB/T 14263—2010《散装浮选铜精矿取样、制样方法》，采集铜精矿代表性样品，制备粒度不大于 100 μm 化学分析样。取适量试样均匀装入样品框中，用玻璃片把粉末压紧、压平至与样品框表面成一个平面。将试样片放入 X 射线衍射仪样品台上进行分析。测试仪器为德国布鲁克公司 D8 Focus X 型射线衍射仪，测量条件为：Cu Kα 线，采用连续扫描模式，工作电压 40 kV，电流 40 mA，扫描范围为 5°~75°，步长为 0.5°/步，扫描速度为 0.5 s/步。

3 X 射线衍射技术结合随机森林的进口铜精矿产地溯源模型

3.1 样品来源

选取我国主要铜精矿进口国智利、秘鲁和墨西哥三个国别不同矿区的铜精矿样品，制备粒度不大于 100 μm 化学分析样，样品信息如表 3-1 所示。

表 3-1 铜精矿样品信息表

国别	矿区	数量
智利	Collahuasi	11
智利	Los Bronces	8
智利	Escondida	14
智利	Los Pelambres	5
智利	Andina	7
智利	Caserones	4
智利	Sierra Gorda	8
秘鲁	Antamina	16
秘鲁	Las Bambas	19
秘鲁	Toromocho	2
秘鲁	Cerro Verde	6
秘鲁	Constancia	7
秘鲁	Antapaccay	5
秘鲁	Cuajone	2
墨西哥	Buenavista	8
墨西哥	Mexico Blend	12
墨西哥	Santa Maria	4
合计		138

3.2 数据处理

采用主成分分析和随机森林特征重要性排序两种数据降维方法，对 X 射线衍射光谱进行数据处理，流程图如图 3-1 所示。

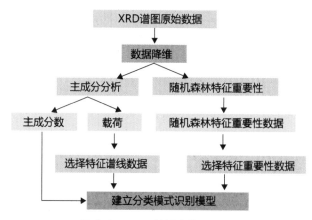

图 3-1　XRD 数据降维流程图

3.2.1　主成分分析

主成分分析（principal components analysis，PCA）是多个变量通过线性变换以选出较少个数重要变量的一种多元数据统计分析方法[9]。

主成分分析的中心思想是假设原始数据矩阵 X 可分解为两个小的矩阵乘积（即得分矩阵和载荷矩阵的乘积）：

$$X = TL^{\mathrm{T}} \tag{3-1}$$

式中：X 为原始数据矩阵，由 n 行（样本）p 列（特征）构成；T 为得分矩阵，由 n 行和 d 列（主成分数目）构成；L 为载荷矩阵，由 p 行 d 列构成，L^{T} 为 L 的转置，由 d 行 p 列构成。

在主成分分析中，T 中的列为得分向量，L 中的列为载荷向量。得分向量和载荷向量均为正交向量，如：

$$\begin{cases} L_i^{\mathrm{T}} L_j = 0 \\ t_i^{\mathrm{T}} t_j \end{cases} \quad (i \neq j) \tag{3-2}$$

此时，数据重建得到互不相关的新变量。

主成分的确定是以最大方差准则为基础。第一主成分包含了数据方差的绝大部分，第二主成分相比第三主成分包含的信息更为丰富。在主成分分析的模型中，确定主成分的个数常用的指标为累计贡献率，即当前 k 个成分的累计贡献率达到某一特定值（一般要求 80% 以上[10]）时，则保留前 k 个成分为主成分。前 k 个主成分累计贡献率为：

$$M_k = \sum_{i=1}^{k} \frac{\lambda_i}{\sum_{i=1}^{p} \lambda_i} \tag{3-3}$$

式中：k 为前 k 个主成分的累计贡献率；λ_i 为相关关系特征值。

通过主成分分析可以得到 3 组有效的信息数据，分别是主成分（$Score$）、方差贡献度（$Explained$）和载荷（$Loading$）。

3.2.2　随机森林

随机森林分类的基本思想：首先，利用有放回的抽样方法从原始训练集抽取 k 个样本，且每个样本的样本容量都与原始训练集一样；其次，对 k 个样本分别建立 k 个决策树模型，得到 k 种分类结果；最后，根据 k 种分类结果进行投票表决决定其最终分类，随机森林分类原理如图 3-2 所示。

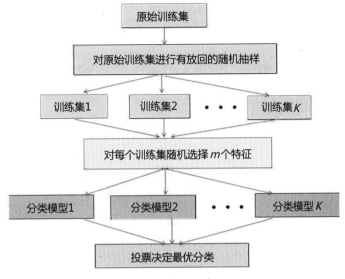

图 3-2　随机森林分类原理图

随机森林不仅可以用于分类，还可提取重要特征[11]。用随机森林对研究样本的数据进行特征重要性度量，选择重要性较高的特征。具体步骤如图 3-3。

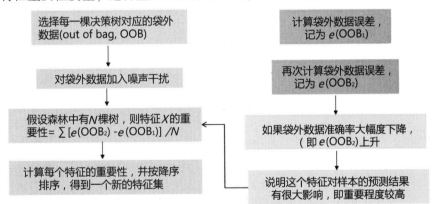

图 3-3　随机森林提取特征重要性过程图

3.3　结果与讨论

应用 X 射线衍射分析技术对 3 个国别 138 批进口铜精矿样品进行物相分析，结合主成分分析和随机森林特征提取 X 射线衍射光谱的特征数据建立铜精矿的分类识别模型，流程图如图 3-4 所示。

3.3.1　XRD 谱图特征

采用 X 射线衍射技术对来自智利、秘鲁和墨西哥不同矿区的 138 个铜精矿样品进行物相分析。通过分析发现样品来源为同一矿区的铜精矿 X 射线衍射谱图相似，因此将同一矿区的铜精矿选取其中一个代表性样品绘制 X 射线衍射图，如图 3-5 所示。

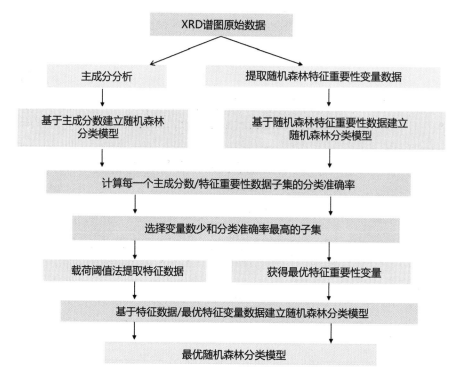

图 3-4　随机森林分类识别模型流程图

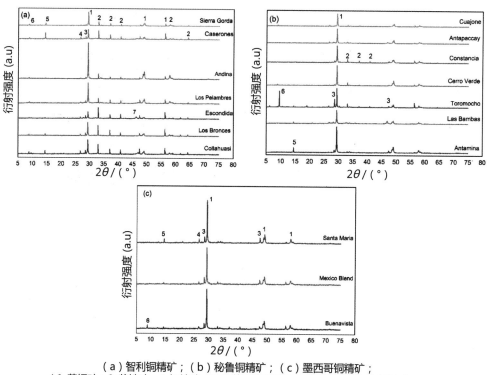

（a）智利铜精矿；（b）秘鲁铜精矿；（c）墨西哥铜精矿；
（1-黄铜矿；2-黄铁矿；3-闪锌矿；4-石英；5-勃姆石；6云母/滑石；7-斑铜矿）。

图 3-5　铜精矿 X 射线衍射图

结合第二章的分析，由图 3-5 可知铜精矿的主要物相是黄铜矿。从图 3-5(a) 中可以看出，智利的 7 个矿区的铜精矿样品 X 射线衍射谱图中除了黄铜矿衍射峰强度高之外，黄铁矿的衍射峰强度也很明显。对比图 3-5(b) 和(c) 可知，秘鲁和墨西哥矿区铜精矿样品中，除了个别样品中黄铁矿的衍射峰强度低，其他样品中基本无黄铁矿的衍射峰。从图 3-5(b) 中可看出，矿区为 Toromocho 的秘鲁铜精矿样品在 2θ 为 8°~10°位置的衍射峰强度较高。所有铜精矿样品的 X 射线衍射物相分析表明，铜精矿中还存在闪锌矿、石英、勃姆石、云母和滑石等物相，但这些物相的衍射峰个数很少且衍射强度也较低。

3.3.2　主成分分析数据降维-随机森林分类模型

3.3.2.1　利用主成分分析对 XRD 原始谱图降维

主成分分析的核心思想是降维，将 138 个铜精矿的 XRD 衍射谱图的原始数据进行主成分分析，试验采集的铜精矿样品的衍射谱图从 5°~75°共有 1750 个数据点，数据量大，冗余信息多。主成分分析将数据集从 138×1750 维数据减少到 138×137 维数据，即有 137 个主成分数，记为 PCx (x=1, 2, 3, 4, ..., 137)。主成分解释方差贡献率趋势如图 3-6 所示，从图中可以看出，随着主成分数的增加，主成分解释方差贡献率增加比率逐渐降低。表 3-2 列出了前 20 个主成分的累积方差贡献率，前 20 个主成分的累积方差贡献率达 98.86%，基本包含了原始数据的所有信息。

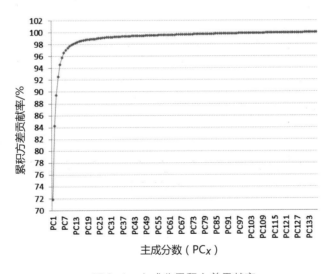

图 3-6　主成分累积方差贡献率

主成分分析也是无监督模式识别的一种分析方法。通过主成分分析将 138 个铜精矿 X 射线衍射原始数据降维得到 137 个主成分，利用主成分 PC_1 和 PC_2 分别作为横坐标和纵坐标画散点图，如图 3-7 所示。在 PC_1 和 PC_2 的主成分得分散点图中可以观察到，3 个国家的样本分布过于分散，且重叠部分严重。由此可知，用无监督的主成分分析进行分类识别的效果不明显。因此，需要考虑通过其他的模式识别方法对不同产地铜精矿样品进行分类识别。

表 3-2　前 20 个主成分的方差贡献率（%）

主成分数	方差贡献率	累积贡献率	主成分数	方差贡献率	累积贡献率
PC_1	71.82	71.82	PC_{11}	0.23	97.96
PC_2	12.43	84.25	PC_{12}	0.16	98.12
PC_3	5.21	89.46	PC_{13}	0.15	98.27
PC_4	3.12	92.59	PC_{14}	0.13	98.40
PC_5	2.02	94.61	PC_{15}	0.11	98.51
PC_6	1.22	95.83	PC_{16}	0.10	98.61
PC_7	0.77	96.60	PC_{17}	0.08	98.69
PC_8	0.46	97.06	PC_{18}	0.06	98.75
PC_9	0.34	97.40	PC_{19}	0.06	98.80
PC_{10}	0.33	97.73	PC_{20}	0.05	98.86

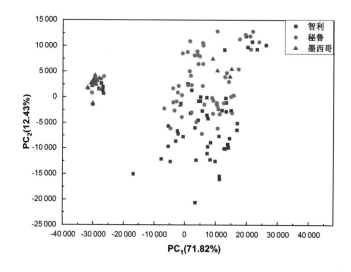

图 3-7　主成分得分散点图

3.3.2.2　利用主成分数建立随机森林分类模型

选取主成分分析得到的 137 个主成分（138×137 维矩阵）作为输入变量，建立随机森林分类模型进行分类，从 PC_1 开始建立随机森林分类模型，每间隔增加一个主成分数，直到训练至 PC_{137} 维，得到分类准确率曲线，如图 3-8 所示。从图中可看出，随着建模主成分数的增加，分类准确率先增加后降低并稳定在一定的范围，当取 PC_{1-16} 或 PC_{1-23} 建立随机森林分类模型时，分类准确率均可达 91.42%。结合主成分累积方差贡献度（表 3-2）可知前 16 个主成分解释了原始数据的 98.61%，可以很好地解释 XRD 原始谱图的主要信息，因此取前 16 个主成分（PC_{1-16}）建立随机森林分类模型，不仅可以减少变量，还能达到最高的分类准确率。

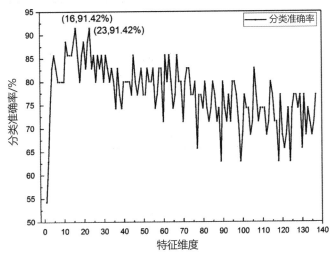

图 3-8　主成分数建立随机森林分类准确率

3.3.2.3　主成分载荷阈值提取特征数据

利用主成分数建立随机森林分类识别模型，虽然方法操作简单，但不能解释铜精矿 X 射线衍射谱图的特征。为提高模型的性能和可解释性，需要提取光谱特征数据[12]。因此采用主成分载荷阈值法对铜精矿 X 射线衍射光谱数据进行特征提取。

载荷（Loading）是 PCA 算法中的一个重要结果，是高维数据的协方差矩阵的特征向量，以 Loading PCx（$x = 1$，2，3，…，137）最大载荷绝对值的 $1/n$ 作为特征变量选择的阈值，即选取载荷绝对值大于阈值的光谱数据作为特征变量数据[13]。

$$T = \frac{\text{Max}_{\text{PC}_x}}{n} \tag{3-4}$$

式中：T 为阈值；Max_{PC_x} 为主成分 X 的最大载荷绝对值；n 为常数，$n = 2$，3，4，5。

由 3.3.2.2 中的结果可知取前 16 个主成分（PC$_{1-16}$）建立随机森林分类模型具有最高的分类准确率，因此采用前 16 个主成分（PC$_{1-16}$）利用载荷阈值法提取特征数据。根据式（3-4）计算，依次从 PC$_{1-16}$ 中挑选 XRD 谱图的特征线强度，当 $n = 5$ 时，前 16 个主成分（PC$_{1-16}$）一共提取 122 个特征谱线强度数据。

本章节仅重点对前 3 个主成分进行特征解释说明，图 3-9(a)、(b) 和 (c) 分别为 PC$_1$、PC$_2$ 和 PC$_3$ 载荷阈值图，图中的横线从上往下依次为 $n = 2$、3、4 和 5 的阈值，谱图中超过阈值的线强度即为该谱图中的特征线强度，本章采用常数 $n = 5$。从图中可看出：X 射线衍射谱图中被选出作为特征谱线强度的点均为衍射峰强度高的点，且均有对应的物相，如图 3-9(a) 为主成分 PC$_1$ 选取的载荷阈值图，当 $n = 5$ 时，共有 71 个特征线强度大于阈值，这些特征线所对应的物相分别为黄铜矿（Ch）、黄铁矿（Py）、闪锌矿（Sp）和勃姆石（Bo）。如图 3-9(b) 为主成分 PC$_2$ 选取的载荷阈值图，当 $n = 5$ 时，共有 16 个特征线强度大于阈值，这些特征线所对应的物相分别为黄铜矿（Ch）和黄铁矿（Py）。如图 3-9(c) 为主成分 PC$_3$ 选取的载荷阈值图，当 $n = 5$ 时，共有 14 个特征线强度大于阈值，这些特征线所对应物相分别为黄铜矿（Ch）、黄铁矿（Py）和勃姆石（Bo）。

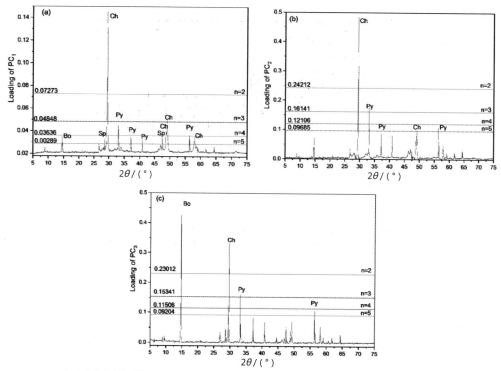

（a）PC₁载荷阈值图；（b）PC₂载荷阈值图；（c）PC₃载荷阈值图；Ch为黄铜矿；
Py为黄铁矿；Bo为勃姆矿；Sp为闪锌矿。

图 3-9　PC₁、PC₂ 和 PC₃ 的载荷阀值

在主成分分析中，主成分 PC₁ 包含所有原始数据的大部分信息，所以在主成分 PC₁ 中可选出的特征线最多。在不同的主成分 PCx 中选取的特征线强度会有重复出现的情况，出现的次数越多说明该特征谱线越重要，因此对前 16 个主成分（PC₁₋₁₆）提取的 122 个特征谱线强度数据进行统计，主成分载荷阈值法提取的特征数据与铜精矿 XRD 谱图的关系如图 3-10 所示。

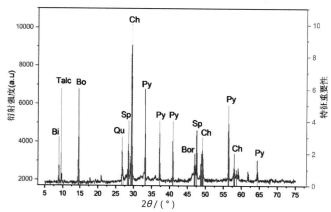

Ch为黄铜矿；Py为黄铁矿；Sp为闪锌矿；Bor为斑铜矿；Bo为勃姆矿；
Qu为石英；Bi为黑云母；Talc为滑石。

图 3-10　载荷阈值提取特征数据与 XRD 谱图的关系

从图 3-10 可以看出，122 个特征谱线强度分别解释了 X 射线衍射谱图中的黄铜矿（Ch）、黄铁矿（Py）、闪锌矿（Sp）、斑铜矿（Bor）、勃姆矿（Bo）、石英（Qu）、黑云母（Bi）和滑石（Talc）的衍射峰，说明利用光谱数据进行分析时，这些衍射峰的强度是很重要的。

3.3.2.4　基于主成分载荷阈值法提取特征数据建立随机森林分类模型

根据 3.3.2.3 中主成分载荷阈值法提取 X 射线衍射特征谱线数据的方法，从 PC_{1-16} 中选出 122 个特征谱线数据作为随机森林分类模型的输入数据，建立随机森林分类模型，最终得到随机森林分类准确率为 94.28%，与利用前 16 个主成分数建立随机森林分类模型的 91.42% 分类准确率相比，采用主成分载荷阈值法提取特征谱线数据对分类准确率有进一步的提升作用。

3.3.3　随机森林特征提取-随机森林分类模型

3.3.3.1　随机森林特征重要性

由于利用主成分载荷阈值法提取特征谱线数据的过程较为复杂，且谱线的选取计算过程因常数 n 的选取不同而有较大的差异，因此引入随机森林特征重要性的提取方法，即利用随机森林进行特征重要性度量，选择重要性较高的特征。随机森林在构造决策树节点时会寻找特征进行分裂，抽取特征中选择最优解。

采用随机森林对 X 射线衍射光谱数据进行特征重要性数据提取，将 X 射线衍射光谱数据根据随机森林提取特征重要性的大小依次进行降序排序，重新建立新的数据集。在这组数据中，随机森林特征提取的重要性在 0~0.25 之间，共有 791 个 X 射线衍射数据，其余 959 个 X 射线衍射数据点的重要性为 0，即 X 射线衍射光谱数据 1750 个数据中仅有 791 个数据点在随机森林分类时起作用。将特征重要性变量数据划分为 3 个等级，分别记为 VI_1，VI_2，VI_3，如图 3-11 所示。其中：VI_1 为特征重要性在 0.005 ~ 0.250 之间；VI_2 的特征重要性在 0~ 0.005 之间；VI_3 的特征重要性为 0。

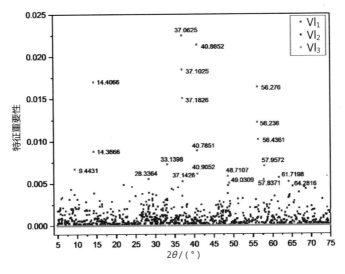

图 3-11　随机森林特征重要度散点图

将138个铜精矿X射线衍射原始数据采用随机森林算法进行特征重要性提取，得到一组随机森林特征重要性数据，变量数据的特征重要性越大，对分类模型的贡献越大。随机森林特征重要性数据与铜精矿XRD谱图关系，如图3-12所示。从图中可以看出，特征重要性大的数据在铜精矿X射线衍射谱中对应的物相有黄铜矿（Ch）、黄铁矿（Py）、闪锌矿（Sp）、斑铜矿（Bor）、勃姆矿（Bo）、石英（Qu）、黑云母（Bi）和滑石（Talc），且重要性最大的特征对应铜精矿X射线衍射谱图中黄铁矿的衍射峰。

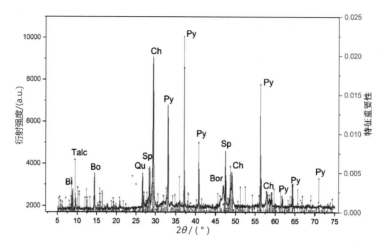

图3-12　随机森林特征重要性数据与XRD谱图的关系

3.3.3.2　基于随机森林特征重要性数据建立随机森林分类模型

将138个铜精矿X射线衍射原始数据采用随机森林算法进行特征重要性提取，得到一组随机森林特征重要性数据。将这组数据按照特征重要性的大小依次进行排序，重新建立138×1750维数据，将其作为输入变量建立随机森林分类模型。由于计算机建模的迭代次数多，分类模型计算准确率的时间久，因此，将138×1750维数据按维数为10的间隔进行建立分类模型，目的是从整体上评价分类准确率，然后更近一步选取特征重要性变量数据建立分类识别模型。

采用随机森林特征重要性排序数据按维数为10的间隔进行建立随机森林分类模型，分类准确率如图3-13a所示。从图中可以看出，整体的分类准确率在85.71%，88.58%和91.43%三个数值之间跳动。特征维度为50建立的随机森林分类模型时，分类准确率最高为94.28%。

为选取特征变量个数少且有高分类准确率的最优特征重要性数据，选取随机森林特征重要性排序前100的特征重要性数据建立分类模型，即138×100维数据按维数为1的间隔建立随机森林分类模型，分类准确率如图3-13b所示。从图中可以看出，整体的分类准确率先升高后稳定在一定范围，且在特征重要性数据维度为34时即具有94.28%的分类准确率，可将特征重要性数据减少至34个。因此进一步利用前34个特征重要性数据建立最优分类模型。

3.3.4　不同特征提取方法的分类结果

利用主成分分析和随机森林特征重要性对铜精矿X射线衍射光谱数据进行分析，

提取 X 射线衍射光谱特征数据建立随机森林分类识别模型，分类结果如表 3-3 所示。

从分类结果上来看，利用主成分分析的主成分数建立的分类模型的结果表明，随机森林分类模型采用前 16 个主成分（PC$_{1-16}$）建模时，最高分类准确率为 91.42%。该方法建立的分类模型虽然操作简单，但不能凸显铜精矿 X 射线衍射谱图的特征。因此对前 16 个主成分（PC$_{1-16}$）采用主成分载荷阈值法提取 122 个特征光谱数据建立随机森林分类模型，分类准确率为 94.28%，与主成分数建立分类模型相比分类准确率有所提升。但是采用主成分载荷阈值挑选特征谱线的过程较为复杂，且谱线的选取计算过程因常数 n 选取的不同而有较大差异。故进一步采用随机森林特征重要性的提取方法，利用随机森林特征重要性排序数据建立分类模型。结果表明，选取特征重要性前 34 个数据建立随机森林分类模型的准确率达 94.28%，该方法与主成分载荷阈值相比，在不降低分类准确率的前提下，能有效减少特征输入变量的个数，提高分类效率。

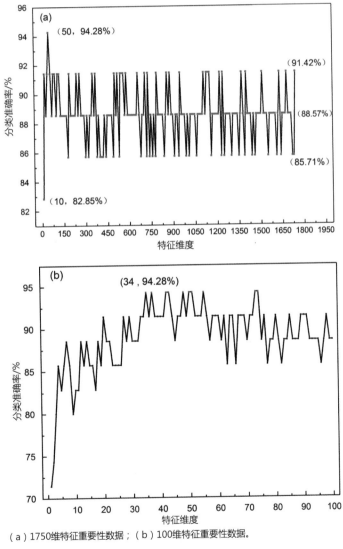

（a）1750维特征重要性数据；（b）100维特征重要性数据。

图 3-13 基于随机森林特征重要性排序数据建立的随机森林分类模型

表 3-3 不同特征数建模的分类结果

特征提取方法	随机森林	
	特征数	分类准确率/%
主成分数	PC$_{1-16}$	91.42
主成分阈值选取	122	94.28
随机森林	34	94.28

3.4 本章小结

本章利用 X 射线衍射分析法采集智利、秘鲁和墨西哥 3 个国家的 138 批次样品的 X 射线衍射光谱谱图，分析其物相特征，并结合主成分分析和随机森林特征重要性提取 X 射线衍射光谱的特征数据，利用特征重要性数据建立随机森林分类模型。

从分类结果上来看，随机森林分类模型采用前 16 个主成分（PC$_{1-16}$）建模，分类准确率为 91.42%。但由于该方法建立的分类模型不能凸显铜精矿 X 射线衍射谱图的特征。进一步采用主成分载荷阈值法对前 16 个主成分（PC$_{1-16}$）提取 122 个特征光谱数据建立随机森林分类模型，分类准确率为 94.28%，与主成分数建立分类模型相比，分类准确率有所提升。进一步采用随机森林特征重要性的提取方法，利用随机森林特征重要性排序数据建立分类模型。结果表明，选取特征重要性前 34 个数据建立随机森林分类模型的准确率达 94.28%。模型分类准确率与模型样品的产地数量以及建模样品数量存在很大的关系，随着后续样品收集数量的增加，模型的应用拓展也将得到进一步提升。

参考文献

[1] 马永杰,郭俊先,郭志明,等.基于近红外透射光谱及多种数据降维方法的红富士苹果产地溯源[J].现代食品科技,2020,36(6):303-309.

[2] 王翔,赵南京,殷高方,等.基于反向传播神经网络的激光诱导荧光光谱塑料分类识别方法研究[J].光谱学与光谱分析,2019,39(10):3136-3141.

[3] Bi Y F,Zhang Y,Yan J,et al. Classification and discrimination of minerals using laser induced breakdown spectroscopy and raman spectroscopy[J]. Plasma Science and Technology,2015,17(11):923-927.

[4] You J,Sasha A. S,Edmond L,et al. Application of random forest classification to predict daily oviposition events in broiler breeders fed by precision feeding system[J]. Computers and Electronics in Agriculture,2020,175:1-8.

[5] Tang H S,Zhang T L,Yang X F,et al. Classification of different types of slag samples by laser-induced breakdown spectroscopy(LIBS) coupled with random forest based on variable importance(VIRF)[J]. Analytical Methods,2015,7(21):9171-9176.

[6] Sheng L W,Zhang T L,Niu G H,et al. Classification of iron ores by laser-induced breakdown spectroscopy (LIBS) combined with random forest(RF)[J]. Journal of Analytical Atomic Spectrometry,2015,30(2):453-458.

[7] 方匡南,吴见彬,朱建平,等.随机森林方法研究综述[J].统计与信息论坛,2011,26(03):32-38.

[8] 李欣海.随机森林模型在分类与回归分析中的应用[J].应用昆虫学报,2013,50(04):1190-1197.

［9］Porizka P,Klus J,Kepes E,et al. On the utilization of principal component analysis in laser-induced breakdown spectroscopy data analysis,a review［J］. Spectrochimica Acta Part B:Atomic Spectroscopy,2018,148:65-82.

［10］杨兆龙,章媛,岳东杰. 主成分-多变量时间序列模型及其在桥梁变形预测中的应用［J］. 现代测绘,2019,42(4):1-4.

［11］Strobl C,Boulesteix A-L,Kneib T,et al. Conditional variable importance for random forests［J］. BMC Bioinformatics,2008,9:307.

［12］Garcia S,Fernandez A,Luengo J,et al. A study of statistical techniques and performance measures for genetics-based machine learning:accuracy and interpretability［J］. Soft Computing,2009,13:959-977.

［13］Vors E,Tchepidjian K,Sirven J B. Evaluation and optimization of the robustness of a multivariate analysis methodology for identification of alloys by laser induced breakdown spectroscopy［J］. Spectrochimica Acta Part B:Atomic Spectroscopy,2016,117:16-22.

第四章　矿相分析在进口铜精矿产地溯源中的应用

1　研究现状

1.1　概述

矿相研究与分析对矿床的认识具有极强的指示意义，它是矿物地球化学分析必不可少且最为重要的基础工作。矿相的研究方法与以合金为研究对象的金相学较为相似，其主要研究工具是偏光显微镜。用偏光显微镜进行矿相鉴定是岩石学研究中一种重要的技术和方法，也是微观地质学科中最基本、最有效、最迅速的方法之一，特别在岩石形态和组构方面是其他方法无法替代的[1]。

矿相分析可以为矿床成因提供信息，主要体现在帮助确定成矿的物理化学条件以及判断成矿方式上[2]。矿物成矿的物理化学条件包括温度、压力、氧逸度和硫逸度等，矿物的出溶结构对于成矿温度具有较好的指示作用，比如斑铜矿和黄铜矿的固溶体在475 ℃时分解，闪锌矿和黄铜矿的固溶体在350~400 ℃分解；矿物组合的变化指示矿物氧逸度的变化，比如从磁铁矿、黄铁矿组合向赤铁矿、磁铁矿的组合变化指示氧逸度上升，其他如孔雀石、褐铁矿等矿物组合指示原生矿石在常温常压下经历氧化作用的结果。判断成矿方式一定程度上可以依靠矿石的结构构造，比如沉积矿石常具有沉积的纹层状、胶状构造，热液矿床常具有细脉穿插结构、骸晶结构等，而岩浆成因矿床具有硫化物和硅酸盐组成的块状、斑杂状构造等[3]。

此外，矿相分析对矿石的技术加工具有重要的指导作用。对于一个矿床进行工业评价，仅仅对其工业品位、储量、矿体形态等进行评价是不够的，有用矿物的粒度大小和矿物之间的镶嵌关系直接影响选矿问题，而有用和有害组分的提炼与分选手段更是取决于元素的赋存状态，这些都是矿相研究的课题，比如铜精矿中的铜、砷元素的分离。

总体而言，不同成因类型的矿床其矿石一般具有特定的结构构造和矿物组合，这些是判定成矿类型的重要依据之一[4]，而不同成因类型的矿床一般形成于不同的构造环境（图4-1）。比如斑岩-矽卡岩型矿床（PCD）多形成于板块构造的边缘位置，而喷流沉积型矿床（Sedex）和砂页岩型（SSC）则主要形成于大陆裂谷带，这些是对铜精矿进行溯源的理论基础。

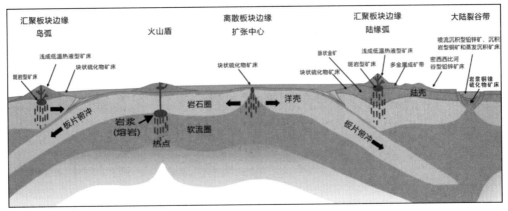

（图片来自http://earthresources.sakuru.ne.jp）

图4-1 板块构造与成矿作用

1.2 斑岩-矽卡岩型铜矿矿相特征

斑岩-矽卡岩型铜矿是一个完整的成矿系统（图4-2），为斑岩成矿系统，即在靠近岩浆热液中心时常伴随有斑岩型矿化（例如：Cu-Mo-Au），在碳酸盐较为发育的地带则会发生接触交代作用，形成矽卡岩型矿化，常形成 Fe、Cu、Au、Pb、Zn 等矿化，而更外围远离热液中心时则主要为高硫或低硫浅成低温热液脉型 Au-Ag 矿化和受断裂控制的热液脉型 Ag-Pb-Zn 矿化。同时，在铜精矿中因样品基本都是粉末，无法获取采样位置甚至矿石构造信息等导致无法区分具体的成矿作用，因此本书中斑岩-矽卡岩型铜矿用 PCD 表示。

斑岩型铜矿是世界上最重要的矿床类型之一，约占世界铜储量的50%以上。斑岩型铜矿主要分布在南美和北美西部大陆边缘、西南太平洋岛弧、中亚地区以及特提斯东欧段、伊朗—巴基斯坦段和我国西藏地区（图4-3），而南美西部大陆边缘储量就达 $11×10^8$ t。大多数斑岩型铜矿形成于显生宙，只有少数形成于前寒武纪，而绝大多数显生宙斑岩铜矿分布于环太平洋、古亚洲造山带和新特提斯造山带（图4-3），成矿时代分别主要为中新生代、晚古生代和新生代。总体来说，斑岩型矿床已探明储量按时代分布，从新生代、中生代、晚古生代、早古生代到前寒武纪，依次降低[5]。值得一提的是，世界上大部分巨型斑岩型铜矿产于大洋板片俯冲产生的陆缘弧和岛弧环境，但在中国40%以上的超大型及65%以上的大中型PCDs形成于非弧环境[6]。

斑岩型铜矿的蚀变分带较为发育，蚀变范围可达上千米，多数情况下自岩体中心向外围可分为钾化带、石英-绢云母化带、泥化带和青磐岩化带。斑岩矿床矿石构造以细脉浸染状为主，也见一些致密块状和角砾状等，而矽卡岩矿石构造则有浸染状、块状、条带状以及晶洞构造等，矿石一般具有粗粒结构。斑岩-矽卡岩型铜矿（PCD）中金属矿物均较多，斑岩中以硫化物为主，常见的有黄铜矿、辉钼矿、斑铜矿、辉铜矿、砷黝铜矿、方铅矿、闪锌矿、黄铁矿、辉铋矿、磁铁矿等，同时能见一些含金、银和碲的矿物[7]，而矽卡岩中以金属氧化物和硫化物为主，常见的有磁铁矿、赤铁矿、锡石、白钨矿以及黄铜矿、方铅矿、闪锌矿、黄铁矿和毒砂等[8]。

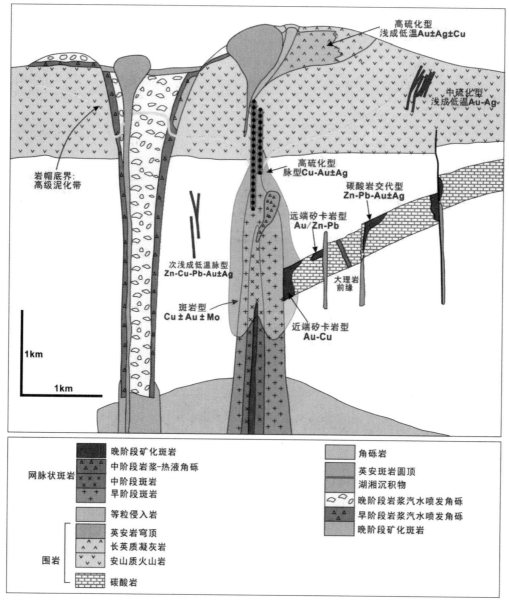

图 4-2 斑岩型铜矿成矿系统[9]

1.3 砂页岩型铜矿矿相特征

砂页岩型铜矿（SSC）是以砂岩、页岩等沉积岩为容矿岩石的层状铜矿床，其重要性仅次于斑岩型铜矿。砂页岩型铜矿占世界铜储量的 23% 以上，同时其伴生的 Co、Ag 等均有较大的经济价值，是世界上铜矿的主要工业类型之一[10]。砂页岩型铜矿大部分较小，仅在中非、俄罗斯以及中欧中亚等地区有超大型矿床的分布[11]，如图 4-4 所示。同时，大多数超大型砂页岩型铜矿都属海相，其成矿时间主要为新元古代和晚古生代（二叠纪）[12]。砂页岩型铜矿的成因长期以来存在争议，存在着同生和成岩后生的两种观点[13-14]，但随着对矿床的深入研究，"盆地卤水成矿模式"得到大家的认同[10,15]，铜成矿主要发生在成岩期及其以后，与盆地卤水循环作用有关[15]。卤水能够从红层和基底中浸出金属元素形成含矿流体，然后在热驱动下引发高盐度含矿卤水的对流，使氧化的含铜卤水向上循环越过氧化-还原界面，在水文封闭的物理化学圈闭内，遇到富含有机物的沉积岩或还原性流体，还原沉淀形成层状铜矿床（图4-5）。这种盆地卤水的成矿一般需要：①铜源，②能溶解并运输成矿物质的地下卤水，③含铜卤水的迁移，④能沉淀铜并形成矿床的还原性流体，⑤有利于流体混合的环境，⑥具有封闭空间等条件[12]。

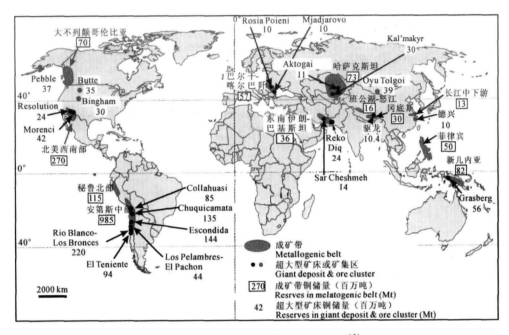

图4-3　全球超大型斑岩型铜矿分布图[5]

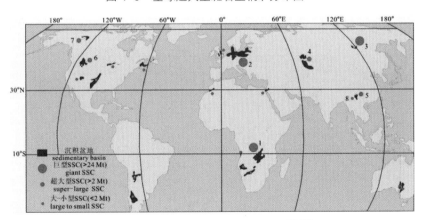

图4-4　砂页岩型铜矿全球分布图[11,13]

如成矿模式图（图4-5）所示，砂页岩型铜矿矿体多呈层状、似层状展布，当然，也有不少局部的变化。总体来说，其矿石常见浸染状、纹层状、浸染状构造，但也常见脉状、细脉状、网脉状甚至角砾状构造[16,17]，而矿物结构中常见草莓状、胶状等。

该类矿床矿石矿物主要为黄铜矿、斑铜矿、辉铜矿、黄铁矿等，外围可见方铅矿和闪锌矿以及蓝铜矿和赤铜矿等[10,16]。

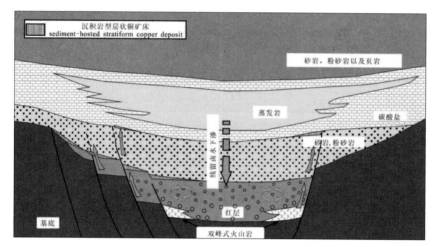

图 4-5　砂页岩型铜矿盆地卤水成矿模式图[11,13]

1.4　岩浆铜镍硫化物矿床矿相特征

岩浆铜镍硫化物矿床（MSD）是指与地幔来源的超镁铁质-镁铁质岩浆作用有关的以硫化物为主的矿床，成矿过程中硫化物熔体的熔离和聚集会引起亲铜元素分异和富集于其中[18]。该类矿床成矿在三叠纪以前，主要形成于前寒武纪[19]，集中在俄罗斯、中国、加拿大、澳大利亚、美国和南非等国家或地区（图 4-6），主要地质环境有：（1）克拉通内的再活跃带；（2）克拉通或者大陆边缘一定范围内；（3）前寒武纪绿岩带内与科马提岩等超镁铁质岩浆活动相关区域；（4）造山带内镁铁质-超镁铁质岩浆带等[20]；此外，陨石碰撞成因也能形成岩浆铜镍硫化物矿床，加拿大 Sudbury 矿床是全球唯一的此类岩浆硫化物矿床[21,22]。

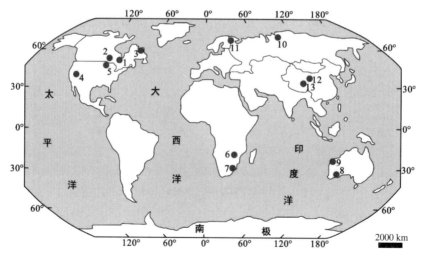

图 4-6　全球大型-超大型岩浆铜镍硫化物矿床分布图[20]

目前常见的岩浆硫化物矿床成矿模式有"深部熔离-依次贯入型铜镍硫化物矿床模型"[19] 和"岩浆通道成矿模式"[23,24]。矿石构造主要以浸染状和块状构造为主，矿石结构以半自形-它形粒状、海绵陨铁结构以及固溶体分离结构为主，还有少量交代残余和碎裂结构等[3,25]。该类矿床矿物主要有黄铜矿、磁黄铁矿和镍黄铁矿，其次为黄铁矿和紫硫镍矿，黄铁矿除了能在后期热液交代中形成，还可以在富硫的单硫化物固溶体（Monosulfide Solid Solution，简写：MSS）中出溶，但是这种情况并不常见[26]。此外，岩浆铜镍硫化物中还能见到一些铂族元素矿物出现在该类矿床中，比如砷铂矿、钯铂矿和硫钌矿等。当然，该类矿床尚有少量辉钼矿、磁铁矿、方黄铜矿以及贵金属等[27]。

1.5　火山成因块状硫化物矿床矿相特征

火山成因块状硫化物矿床（VMS）是指与海相火山有关的块状硫化物矿床。VMS型矿床至少为全球提供了22%的 Zn，6%的 Cu，9.7%的 Pb，8.7%的 Ag 和2.2%的 Au[28]，截至2002年，VMS 矿床已经开采了近5亿 t 金属硫化物矿石[29]，目前全球海底估计尚存6.4兆亿 t Zn、4.6兆亿 t Cu、1.2兆亿 t Pb、1万 t Ag 和390 t 金[30]。

火山成因块状硫化物矿床主要形成于离散板块或汇聚板块边缘环境（图4-1），但成矿时代较多，其成矿时代主要为太古宙、元古宙、古生代及中新生代[31]，而其成矿物质来源存在一定争议，目前认为成矿金属来源为含矿火山岩系以及下伏基底或深部岩浆房，而硫则主要来源于海水硫酸盐的还原和岩浆硫[32]。

火山成因块状硫化物矿床分类方案较多[31,32]，有根据矿石组分为 Zn-Pb-Cu 型、Zn-Cu 型、Cu 型、Cu-Zn 型，根据含矿围岩特征分为铁镁质型、双峰式火山岩-铁镁质型、硅铝质碎屑岩-铁镁质型、双峰式火山岩-长英质型、硅质碎屑岩-长英质型，以及根据不同的构造环境和地质背景分为塞浦路斯型（Cyprus type）、黑矿型（Koroko type）、别子型（Besshi type）及沙利文型（Sullivan type）等。

总体来说，这几种亚类型的矿床都有独特的结构构造[33]。Zn-Pb-Cu 型：从底板到顶板为长英质火山岩→硅质岩和赤铁矿→重晶石、方解石矿带→黑矿带（主要为一系列黑矿加少量的黄矿，闪锌矿+方铅矿+黄铜矿+黄铁矿等）→黄矿带（黄铁矿+黄铜矿+少量闪锌矿-重晶石等）→黄铁矿带（黄铁矿，偶有黄铜矿+石英）→石膏矿带→硅质岩带（由含黄铁矿+黄铜矿的硅质岩），与黑矿型相对应（图4-7）。Zn-Cu 型：从矿体底板到顶板为火山蚀变岩筒→网脉状矿石加枕状熔岩→网脉状矿石→条带状矿石→块状黄铜矿和闪锌矿→层状矿石和硅质岩。Cu 型：由下至上依次为块状硅质岩（黄铁矿+黄铜矿+闪锌矿）→块状矿石黄铁矿+白铁矿）→沉积赭石层（针铁矿+石英+伊利石+黄钾铁矾+黄铁矿），一般与塞浦路斯型相对应。Cu-Zn 型：块状矿石+层状玄武岩，与别子型对应，较为简单。

综上，火山成因块状硫化物矿床矿石结构构造复杂多样，常见块状构造，同时能见一些条带状或纹层状构造，矿石结构中能见一些环带结构。矿石矿物复杂多样，主要以黄铜矿、闪锌矿、黄铁矿、方铅矿以及磁黄铁矿为主，此外，还含有毒砂、黝铜矿-砷黝铜矿以及含 Ag、Au、Te、Bi 的矿物，如银金矿、碲铋矿等[34,35]。

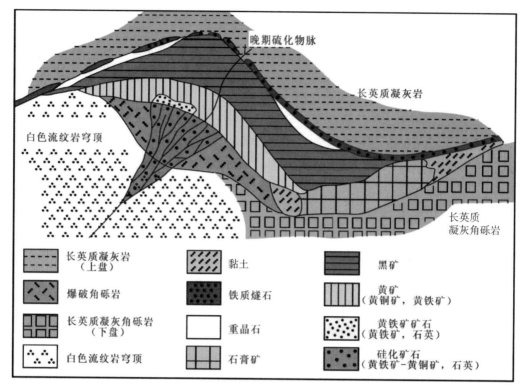

图 4-7　黑矿型找矿预测模型图

1.6　铁氧化物铜金矿床矿相特征

铁氧化物-铜-金矿床（IOCG）概念的提出与 20 世纪 70 年代在澳大利亚南部 Gawler 克拉通中发现的奥林匹克坝（Olympic Dam）超大型铜-铁-金-铀矿床相关[37]。最初提出的概念比较宽泛，后来 Williams 等[38] 把 IOCG 型矿床进一步界定为具有大量低钛磁铁矿-赤铁矿且伴生经济品位的铜（和/或金）矿化、构造控矿明显、与同期侵入岩无明显空间关系的热液矿床。而 Groves 等[39] 进一步深化并提出了狭义（sensu stricto）的 IOCG 概念：IOCG 矿床是一种岩浆热液交代矿床，具有磁铁矿/赤铁矿矿化且 Cu(Au)矿化达到工业品位；矿体受构造控制明显，普遍伴生角砾岩化，并且具有大范围（区域性）的钠化或钠-钙化蚀变；石英脉和硅化不发育（相对于斑岩铜矿），区域上（但不一定在矿区范围）有同时代的岩浆岩。

IOCG 矿床基本上产出于克拉通或者大陆边缘的构造环境，并且大多数情况下与拉张背景密切相关，包括大陆裂谷环境（如 Olympic Dam 矿床）或者大陆边缘弧后盆地等[39]。尽管 IOCG 矿床在地质历史演化不同时期均可产生[38]，但在矿床的数量及规模上前寒武纪 IOCG 矿床确实更为显著[39]。

尽管全球典型的 IOCG 矿床或矿集区的成矿作用在时空上与岩浆岩关系密切，但是其成矿流体和成矿物质的来源是矿床研究中一个长期争论的问题。总体而言，有关流体来源主要有以下三种不同认识：（1）成矿流体以岩浆-热液流体为主的，外来流体（如盆地水）的加入对成矿并非关键[40,41]；（2）流体具混合来源（岩浆水、盆地卤水、层间水等的混合），但岩浆水对早期铁矿化相对更重要[42-45]；（3）非岩浆流体（如海水、盆地卤水、大气水等）对成矿（特别是铜成矿）起主导作用[46-48]。以上观点可以概括为岩浆流体模式、盆地热卤水模式和变质流体模式[49]，如图4-8所示，其中从左向右分别为岩浆流体成因、盆地卤水成因以及变质流体来源模式。

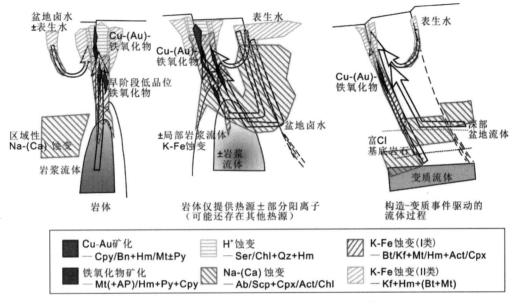

图4-8　IOCG系统中成矿流体来源模式图[49]

铁氧化物铜金矿床矿石构造较为复杂，有浸染状、角砾状、脉状构造等，矿石结构比较散乱，少有研究者提及与总结，会出现格状结构、骸晶结构以及自形-半自形粒状结构等，矿石矿物以铁的氧化物和铜的硫化物为主，分别主要为磁铁矿、赤铁矿与黄铜矿、斑铜矿和辉铜矿等，同时含有少量磁黄铁矿和黄铁矿等[38,39]。

1.7　喷流沉积型矿床矿相特征

喷流沉积（Sedex）型矿床是指由海底喷流、喷气作用形成的多金属矿床，该矿床的概念最早由Carne和Cathro提出，他们认为该类矿床的特征为"富硫化物矿体呈层状、扁平状赋存于炭质页岩或其他碎屑岩中"[50]，有些学者也会使用描述性命名，即赋存于沉积岩/页岩中的块状硫化物矿床。该类矿床从成分上富含Pb、Zn，伴生Ag、Ba，贫Cu，几乎不含金，其为世界提供了超过25%的铅锌[51]。

Sedex型矿床分布较广，大多数形成于拉张性构造环境，主要是离散板块动力学背景下的陆内裂谷、被动大陆边缘或坳拉槽裂谷，例如克拉通内部及其边缘受裂谷控制的沉降盆地，拉张的裂谷和地堑等[51-53]。全球范围内，这一类型矿床形成时代主要集中于古-中元古代（1800~1 500 Ma）和早寒武世-晚石炭世（500~300 Ma）这两个时期[54-55]。不论在哪种大地构造环境中，Sedex矿床所在盆地均具有相似的地层层序[51]。目前关于Sedex型矿床的成矿模式主要为盆地卤水压实模式和海底热液对流模式[52]，前者认为，形成Sedex型矿床的流体和金属都是在盆地沉积物压实过程中由于地热增温等原因从厚层沉积岩堆中释放出来的，由膨胀黏土矿物向非可膨胀黏土矿物及云母类矿物的转变，伴随有大量金属析出。海底热液对流模式则认为从海底扩张中心喷出的热液流体是海水在张性应力条件下，地壳形成的大量微裂隙提高了岩石的可渗透性，使得流体可以发生对流循环。在循环过程中，下渗的海水淋滤岩层，形成海底含矿热液，然后向上喷出海湖底及充填喷液通道而成矿。

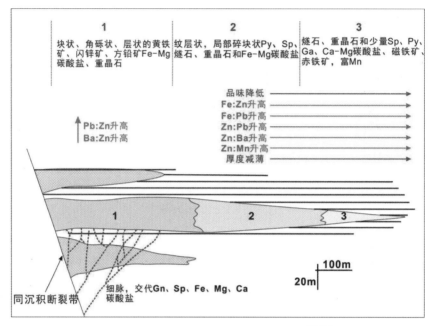

图 4-9 Sedex 型矿床典型矿化分带特征[56,57]

喷流沉积型矿床一般情况下由上、下两部分构成，即上有层状矿体，下有脉状矿体或网脉状矿化（体），同时在横向上也有一些规律性的变化（图 4-9）。其中，横向上矿石的构造从块状、角砾状等向纹层状、碎块状变化，矿石矿物组合从铅锌硫化物为主向硫酸盐为主再到燧石、硫酸盐、含铁氧化物变化。总体而言，矿石常发育沉积构造，如纹层状、条带状，同时还有一些脉状、网脉状、角砾状等矿石，而矿石中可见一些沉积构造比如草莓状结构，同时常见增生（环带）结构，值得一提的是，典型矿石为细粒结构，但也可呈粗粒结构[51]。矿石矿物则以简单硫化物为主，常见黄铁矿、磁黄铁矿、闪锌矿和方铅矿，少量黄铜矿，不少矿床可见其他硫化物（如白铁矿和毒砂）以及硫盐矿物[51]。

1.8 不同成因类型矿床特征比较

不同成因类型的矿床一般形成于不同的构造环境（图 4-1），而不同成因类型的矿床的矿石一般具有特定的结构构造和矿物组合。在矿石构造方面，火山成因块状硫化物矿床中常见纹层状、条带状构造等，砂页岩型铜矿中常见叠层石、纹层状构造等，当然，喷流沉积矿床也有一些纹层状构造。在矿物结构方面，岩浆铜镍硫化物矿床常见黄铜矿、磁黄铁矿和镍黄铁矿形成的固溶体出溶结构，砂页岩型、喷流沉积型和火山成因块状硫化物型铜矿中能见黄铁矿的草莓状结构以及环带结构等。此外，火山成因块状硫化物矿床的矿物中会见到一些由黄铜矿或黄铁矿和闪锌矿组成的环带结构[58]，但更值得注意的是，斑岩矿石中的粗粒结构以及喷流沉积型矿石的细粒结构看似有区别，但并不能作为鉴定特征！

在矿物组合方面，岩浆铜镍硫化物矿床（MSD）以含大量黄铜矿、磁黄铁矿以及镍黄铁矿为特征，仅在少数情况下可见黄铁矿[26]。黄铁矿在砂页岩型铜矿（SSC）中含量也不高，比如中国康典成矿带[59] 以及赞比亚铜矿带[17]，而斑岩-矽卡岩型（PCD）、火山成因块状硫化物矿床（VMS）、铁氧化物铜金矿床（IOCG）和喷流沉积矿床（Sedex）等含有较多的黄铁矿。斑岩-矽卡岩型中常含辉钼矿，火山成因块状硫化物矿床、铁氧化物铜金矿床和岩浆铜镍硫化物矿床较少，而砂页岩型铜矿极少见。磁黄铁矿在岩浆铜镍硫化物矿床中大量出现，在火山成因块状硫化物矿床、铁氧化物铜金矿床和喷流沉积矿床中比较常见，但在斑岩和砂页岩型中极少。铁氧化物铜金矿床以含大量磁铁矿或赤铁矿为特征，而磁铁矿等仅在斑岩-矽卡岩型中含量较高，在岩浆铜镍硫化物矿床中可见，而在砂页岩型中则基本未见。此外，砂页岩型铜矿以含有较多的斑铜矿以及微量的铅锌硫化物（主要为方铅矿和闪锌矿）为特征，而喷流沉积矿床以及火山成因块状硫化物矿床含较多的铅锌硫化物。

2　样品来源和检测方法

2.1　样品来源

本研究采集的铜精矿样品来自 20 个国家（或地区）72 个矿床 75 个样品，样品信息如表 4-1。其中，来自巴西的铜精矿成矿类型主要为 IOCG 型，来自秘鲁、智利、美国等的主要为 PCD 型，缅甸、泰国、菲律宾等均是 PCD 型，来自澳大利亚的比较复杂，有 VMS 型、IOCG 型、Sedex 型以及 MSD 型，来自刚果（金）的则为 SSC 型。

表 4-1　铜精矿样品信息简表

编号	国家/地区	矿床（区）	类型	矿种	时代
Cu-01	Mexico	Mexican Blend	未知	多金属	未知
Cu-02	Peru	Peru SulphideBlend	未知	多金属	晚古生代
Cu-03	Mauritania	未知	未知	未知	未知
Cu-04	Chile	Collahuasi	PCD	Cu-Mo	35-33 Ma
Cu-05	Peru	Condestable	IOCG	Cu-Au-Ag	115 Ma
Cu-06	Peru	Antamina	PCD	Cu-Zn	9.8 Ma
Cu-07	Peru	Las Bambas	PCD	Cu 多金属	42-36 Ma
Cu-08	Peru	Nazca	未知	多金属	新生代
Cu-09	Peru	Toromocho	PCD	Cu 多金属	7 Ma
Cu-10	Peru	Cerro Verde	PCD	Cu	61-62 Ma
Cu-11	Peru	Constancia	PCD	Cu-Mo	30 Ma?
Cu-12	Chile	Los Bronces	PCD	Cu-Mo	7.4-4.9 Ma
Cu-13	Chile	Escondida	PCD	Cu-Au-Ag	38-34 Ma
Cu-14	Chile	Los Pelambres	PCD	Cu	10 Ma
Cu-15	Chile	Andina	PCD	Cu-Mo	上新世

编号	国家/地区	矿床（区）	类型	矿种	时代
Cu-16	Chile	Caserones	PCD	Cu-Mo	20-18 Ma
Cu-17	Chile	Omint	未知	未知	未知
Cu-18	Australia	Mim	IOCG	Cu-Au	未知
Cu-19	Australia	Eloise	IOCG	Cu-Au	1530-1515 Ma
Cu-20	Australia	Mount ISA	IOCG	Cu 多金属	1595-1490 Ma
Cu-21	Australia	Tritton	VMS	Cu 多金属	480 Ma
Cu-22	Australia	Cobar	VMS	Cu 多金属	390 Ma
Cu-23	Mexico	Cananea	PCD	Cu	78-58 Ma
Cu-24	USA	Sierrita	PCD	Cu	57 Ma
Cu-25	USA	Pinto Valley	PCD	Cu	63 Ma
Cu-26	Brazil	Antas North	IOCG	铜金矿	2.6 Ga
Cu-27	Brazil	Sossego	IOCG	多金属	2.7Ga, 1.9 Ga
Cu-28	Laos	Phu Kham	PCD	Cu-Au	C-P
Cu-29	Eritrea	Bisha	VMS	Cu 多金属	780 Ma
Cu-30	Indonesia	Grasberg	PCD	Cu-Au	3 Ma
Cu-31	Malaysia	Malaysia Blend	未知	未知	未知
Cu-32	Indonesia	Batu Higua	PCD	Cu-Au	5Ma
Cu-33	Mexico	Mexico Sulphide Blend	未知	未知	未知
Cu-34	Philippines	Lucky Rock	未知	未知	未知
Cu-35	China, Taiwan	Taiwanese Blended	未知	未知	未知
Cu-36	Spain	Spanish Cu Concs	未知	未知	未知
Cu-37	Chile	未知	未知	未知	未知
Cu-38	Peru	Peruvian Cu Concs	未知	未知	未知
Cu-39	Laos	勐龙铜矿	VMS	Cu	D
Cu-40	Myanmar	Choushui	PCD	Cu-Pb-Zn	未知
Cu-41	Myanmar	Choushui	PCD	Cu-Pb-Zn	未知
Cu-42	Mexico	Buenavista	VMS	Cu-Zn	现代
Cu-43	Spain	Aguas Tenidas	VMS	Cu-Zn	未知
Cu-44	Chile	Enami	未知	未知	未知
Cu-45	Canada	Red Cris	PCD	Cu-Au	206Ma
Cu-46	Papua New Guinea	OK TEDI	PCD	Cu-Au	1.4-1.1 Ma
Cu-47-1	Laos	PhuKham	PCD	Cu	未知
Cu-48-1	Peru	Trujillo	未知	未知	未知
Cu-49-1	Chile	Cancine	未知	未知	未知
Cu-50-1	Australia	Kanmantoo	Sedex	Cu	522-514 Ma
Cu-51-3	Congo	Kinsenda	SSC	Cu	未知
Cu-52-1	Chile	未知	未知	未知	未知
Cu-61	Chile	Chuquicamata	PCD	Cu-Mo	30-35Ma
Cu-62-1	Chile	Centinela	PCD	Cu-Mo-Au	45-39 Ma
Cu-63-1	Chile	Mantos Blancos	PCD	Cu+（Ag）	141~152, 155 Ma

编号	国家/地区	矿床（区）	类型	矿种	时代
Cu-64-1	Mexico	Dia Brass	未知	未知	未知
Cu-65-1	Philippines	Carmen	PCD	Cu-Au	107-109 Ma
Cu-66-1	Australia	Nova	MSD	Cu-Ni-Co	未知
Cu-67-1	China, Taiwan	未知	未知	未知	未知
Cu-68-1	Brazil	Salobo	IOCG	Cu+Au	2. 57 Ga
Cu-71-1	Canada	Highland Valley	PCD	Cu-Mo	205 Ma
Cu-72-1	Canada	Mt Milligan	PCD	Cu-Au	190-176Ma
Cu-73-1	Chile	Las Luces	PCD	Cu-Mo	
Cu-74-1	Chile	Hales	PCD	似 Cu-61	35. 5±0.6；31-34Ma
Cu-75-1	Brazil	Chapada	PCD	Cu-Au	860Ma+630Ma
Cu-76-1	Chile	Tarapaca	PCD	35 Ma	未知
Cu-77-1	Panama	未知	未知	未知	未知
Cu-78-1	Spain	Iberican	未知	未知	未知
Cu-81-1	Mexico	Santa Maria	未知	未知	未知
Cu-91-1	Ecuador	Pimicape S. A	未知	未知	未知
Cu-92-1	Australia	Prominent Hill	IOCG	Cu-Au	1603-1575Ma
Cu-93-1	Brazil	Para	未知	未知	未知
Cu-94-1	Philippines	Philex	未知	未知	未知
Cu-95-1	Papua New Guinea	OK TEDI	PCD	Cu-Au	1. 4-1. 1Ma
Cu-100-1	Congo	Kapulo	SSC	Cu	未知

2.2　样品制备及矿相观察方法

光薄片制备在中国地质大学（武汉）磨片室完成，首先需要把铜精矿样品固结成小方块，在模具盒（小方盒子）中把A、B胶调匀，把晒/烘干后的样品倒入模具盒，均匀搅拌后等待胶水凝固，然后把制作好的小方块按照光薄片制备的步骤完成磨制。光薄片制备经过切割、粗磨、细磨、精磨、抛光、编号等6个步骤，简述如下：首先在切片机上将小方块切成 3 cm × 2 cm × 1 cm 的扁块，再减薄后在铁盘磨片机上用150号金刚砂（直径约100号）粗磨成型，再用更细的金刚砂（320号）在磨片机上将粗磨好的矿石一面继续磨平。其次，用1200号（M1号）、M12号金刚砂（或2号白泥浆）在玻璃板上人工精磨，必要时换一块玻璃板用M7号金刚砂精磨，直到铜精矿方块表面具备一定反射光线能力为止。最后是抛光并编号，将细磨好的铜精矿方块放在帆布磨盘上，加用水调好的三氧化二铬或三氧化二铁溶液初步抛光，然后再将矿石块置于呢料磨盘上加用水调好的氧化镁溶液进行抛光。光片在抛光过程中需将光片经常洗净擦干置于显微镜下检查，直至粗擦痕和麻点消失，光面平滑如镜为止。抛光完成后立即编号，以免错混。

矿相观察过程简述如下：首先，对矿物反射色、反射率、硬度、均质性以及内反射进行系统地观察，通过与矿物鉴定特征（表4-2）进行比对，鉴定出该类矿物；其次，对使用面积法/线段法[2]对矿物含量进行估计，同时对典型结构及其矿物组合进行详细的记录（含拍照），注意通过矿物之间的交代、穿插、包裹以及固溶体出溶等结构判断该矿床（区）金属矿物的生成顺序；最后，撰写矿相观察报告（鉴定报告）。

表4-2　常见矿物简易鉴定特征表[2]

矿物名称及分子式	主要鉴定特征
黄铜矿 $CuFeS_2$	特征的铜黄色，反射率介于黄铁矿和方铅矿之间，弱非均质性，中－低硬度，易磨光。
辉铜矿 Cu_2S	以灰白色微带浅蓝色，弱非均质性，低硬度和加硝酸发泡、染蓝、显结构为特征。常与其他铜矿物共生。
蓝辉铜矿 $4Cu_2S \cdot CuS$	以浅蓝色，均质，低硬度和加硝酸发泡显结构为特征。常与其他铜矿物共生。
铜蓝 CuS	以浅蓝—深蓝的反射色，显著的反射多色性（深蓝色微带紫色－蓝白色），特强的非均质性和特殊的偏光色（45°位置为火红－红棕色）为特征。
斑铜矿 Cu_5FeS_4	以特殊的反射色（玫瑰色、棕粉红色、紫色），中等硬度，磨光好，均质性和与其他铜矿物共生为特征。
自然铜 Cu	以特征的反射色（铜粉红色、棕色），高反射率（高于黄铁矿），低硬度（有擦痕）和均质性为特征。
赤铜矿 Cu_2O	以深红色的内反射和遇硝酸发泡并沉淀自然铜，加盐酸产生白色沉浸为主要特征，常与其他铜矿物一起，产在铜矿床氧化带。
黝铜矿 $5CuS \cdot 2(Cu,Fe)S \cdot 2Sb_2S_3$	灰白色微带浅棕色，中等反射率，中等硬度，均质性，易磨光。
砷黝铜矿 $5CuS \cdot 2(Cu,Fe)S \cdot As_2S_3$	以灰白色微带橄榄绿色或蓝绿色为特征。中等反射率，中等硬度，均质性。
孔雀石 $CuCO_3 \cdot Cu(OH)_2$	灰色微带粉红色色调，以具鲜明的翠绿色内反射为特征，常具放射状结构。与蓝铜矿等矿物共生，产于铜矿床氧化带。
蓝铜矿 $2CuCO_3 \cdot Cu(OH)_2$	灰色微带粉红色色调，具鲜明的淡蓝色内反射光，常与孔雀石等矿物共生，产于铜矿床氧化带。
黄铜矿 $CuFeS_2$	铜黄色，反射率介于黄铁矿和方铅矿之间，弱非均质性，中－低硬度，易磨光。
方铅矿 PbS	具纯白色和特征的黑三角孔（自然界少见的辉砷镍矿、辉硫镍矿、碲铅矿、硒铅矿和自然锑也具有发育程度不同的黑三角孔），低硬度（常有擦痕），均质性，常与闪锌矿、黄铜矿、辉银矿共生。
闪锌矿 ZnS	纯灰色，均质性，中等硬度，相对突起：磁黄铁矿>闪锌矿>黄铜矿和黝铜矿。其中常有黄铜矿或磁黄铁矿乳浊状或叶片状固溶体分解物，常与方铅矿共生。
磁黄铁矿 Fe_nS_{n+1}	具特征的乳黄色微带玫瑰棕色反射色。反射率小于方铅矿，中等硬度（相对突起>黄铜矿），具强非均质性（偏光色黄灰－绿灰－蓝灰）和强磁性。
黄铁矿 FeS_2	浅黄色，高反射率，高硬度（不易磨光，常有麻点），均质性，常呈自形、半自形晶或碎粒状，分布普通。

矿物名称及分子式	主要鉴定特征
白铁矿 FeS_2	浅黄白色，高反射率（$R \approx$ 黄铁矿），高硬度，具显著的双反射（黄白-黄绿色）和强非均质性（特征的绿色偏光色：深绿、黄绿、蓝绿）。
毒砂 FeAsS	亮白色，高反射率，高硬度，强非均质性（特征的柔和蔷薇色-蓝绿色），晶形断面常为菱形、楔形、长柱形和短柱形，加硝酸浸蚀显晕色。
镍黄铁矿 $(Fe, Ni)_9S_8$	浅黄白色，反射率近于黄铁矿，中等硬度，\{111\} 解理发育，常产于与基性或超基性岩有关的铜镍硫化物矿床中，与磁黄铁矿、黄铜矿密切共生。
辉钼矿 MoS_2	以极显著的双反射和极强的非均质性为特征（偏光色暗蓝和白色微带玫瑰紫色）。中等反射率，低硬度，晶形常为微弯曲的长板状晶片。
赤铁矿 Fe_2O_3	灰白色微带蓝色，中等反射率，弱或强非均质性（偏光色为蓝灰色-灰黄色），血红色斑点状内反射，常呈板状、片状或针状晶型。
磁铁矿 Fe_3O_4	灰白色微带浅棕色，中等发射率，高硬度，均质性，强磁性。
石英 SiO_2	深灰色，低反射率，高硬度，显均值效应，乳白色内反射色，磨光好。
方解石 $CaCO_3$	深灰色，低反射率，中硬度，显著的双反射和强非均质性，乳白色内反射色，双晶发育。

3 矿相观察结果

经过系统的观察、对比与分析，本次研究的 75 个铜精矿样品共观察到 21 种金属矿物，分别为黄铜矿（Cpy）、黄铁矿（Py）、闪锌矿（Sph）、斑铜矿（Bor）、铜蓝（Cov）、辉钼矿（Mol）、磁黄铁矿（Po）、磁铁矿（Mag）、辉铜矿（Cha）、砷黝铜矿（Ten）、硫砷铜矿（En）、赤铜矿（Cpr）、黑铜矿（Tnr）、孔雀石（Mal）、蓝铜矿（Az）、自然铜（Cp）、方铅矿（Gn）、赤铁矿（Hem）、毒砂（Apy）、白铁矿（Mrc）和镍黄铁矿（Pn）。总体来说，在铜精矿样品中，矿物种类复杂，组合多变，样品矿物含量及组合见表 4-3，表中未标明具体百分含量的鉴定结果为微量。此外，样品矿物结构见表 4-4，表中列出能见的矿物结构，其中国家不明的未列出，铜精矿样品较少的部分国家（Ecuador、Mauritania、Papua New Guinea、Laos、Malaysia）矿物结构也未列出。

由表 4-3 可知，金属矿物中含铜矿物占主要，黄铜矿较少时，斑铜矿或铜蓝含量会较高，如图 4-10 所示。黄铜矿、斑铜矿和铜蓝含量总和在 60% 以上，约在 80% 左右（图 4-11），而其含量总和较低的多为来自氧化带的矿石，如老挝（Laos）和缅甸（Myanmar）以蓝铜矿和孔雀石为主，在手标本上即可见到。此外，黄铁矿、闪锌矿、硫砷铜矿、辉钼矿、磁黄铁矿、磁铁矿等比较常见（图 4-10），而自然铜、孔雀石、蓝铜矿、方铅矿、毒砂、白铁矿、辉铜矿等比较少见（表 4-3）。

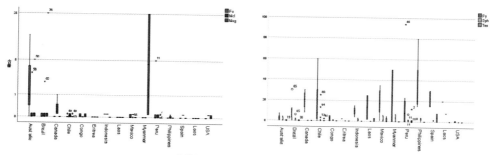

（微量矿物赋值0.1，未见赋值0）

图4-10　铜精矿常见矿物含量箱线图

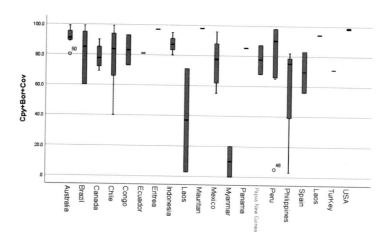

图4-11　Cpy、Bor、Cov含量总和箱型图

表4-3　铜精矿样品矿物组合表

国家	矿床（区）	类型	编号	矿物组合（片子）
Australia	Mim	IOCG	Cu-18	Cpy88%+Sph4%+Py3%+Cov3%+Bor1%+Po1%+Mol+Ten+Mag
Australia	Eloise	IOCG	Cu-19	Cpy98%+Po1%+Sph+Py+Mag
Australia	Mount ISA	IOCG	Cu-20	Cpy97%+Cov2%+Py+Bor+Sph+Cpr+Mag+Po+Hem
Australia	Prominent Hill	IOCG	Cu-92-1	Cov50%+Bor20%+Cpy20%+Py7%+Mag1%+Cha+Mal+Hem
Australia	Nova	MSD	Cu-66-1	Cpy90%+Po5%+Mol3%+Py1%+Sph
Australia	Kanmantoo	Sedex	Cu-50-1	Cpy80%+Po12%+Mag5%+Py1%+Cov+Sph+Cpr+Tnr
Australia	Tritton	VMS	Cu-21	Cpy92%+Py5%+Sph2%+Cov1%
Australia	Cobar	VMS	Cu-22	Cpy98%+Po1%+Sph+Apy
Brazil	Antas North	IOCG	Cu-26	Cpy94%+Py%+Sph2%+Bor1%+Cha+Po+Mag
Brazil	Sossego	IOCG	Cu-27	Cpy99%+Py+Cov+Bor+Po+Mag

（续表 4-3）

国家	矿床（区）	类型	编号	矿物组合（片子）
Brazil	Salobo	IOCG	Cu-68-1	Cpy80%+Py10%+Bor3%+Sph2%+Cov2%+ Mol +Ten
Brazil	Para	IOCG	Cu-93-1	Cpy60%+Mag25%+Py12%+Po2%+Cov+Mrc+ Sph+Hem
Brazil	Chapada	PCD	Cu-75-1	Cpy60%+Py30%+Sph6%+Mol2%+Cov
Canada	Red Cris	PCD	Cu-45	Cpy68%+Py30%+Bor1%+Ten+Sph+Cov+Mol
Canada	Highland Valley	PCD	Cu-71-1	Cpy55%+Bor25%+Py18%+Mol1%+Sph+Ten+En +Cov
Canada	Mt Milligan	PCD	Cu-72-1	Cpy90%+Py8%+Bor+Sph+ Mol+Ten
Chile	Collahuasi	PCD	Cu-04	Cpy91%+Py5%+Bor2%+Cov1%+En+Sph+Mol +Ten
Chile	Los Bronces	PCD	Cu-12	Cpy65%+Py30%+Cov3%+Sph1%，Bor+Cha
Chile	Escondida	PCD	Cu-13	Cpy88%+Py5%+Cov3%+Bor3%+Sph+Mag+Mol +Ten
Chile	Los Pelambres	PCD	Cu-14	Cpy93%+Py3%+Bor2%+Cov1%+Ten+Sph+Mol
Chile	Andina	PCD	Cu-15	Cpy99%+Py+Cha+Bor+Sph+Cov
Chile	Caserones	PCD	Cu-16	Py57%+Cov40%+Cpy2%+Mol
Chile	未知	PCD	Cu-52-1	Cpy60%+Py30%+Bor9%+Cov+Sph+Ten+En+Mol
Chile	Chuquicamata	PCD	Cu-61	Cpy50%+ Bor30% + Py10% + Cov8% + Cha + Mol +Ten
Chile	Centinela	PCD	Cu-62-1	Cpy60%+Py37%+Bor2%+Sph+Ten+Mol+Cov
Chile	Mantos Blancos	PCD	Cu-63-1	Cpy55%+Py30%+Bor5%+Cov4%+Po3%+Ten2% +Cha1%+Sph+Gn
Chile	Las Luces	PCD	Cu-73-1	Cpy85%+Py5%+Cov2%+Bor1%+Sph+ Mol+Ten +Gn
Chile	Hales	PCD	Cu-74-1	Cpy65%+Bor20%+Sph13%+Py1%+Cov+Ten
Chile	Omint	未知	Cu-17	Cpy48%+Bor48%+Py1%+Cov1%+Gn+Ten+Sph
Chile	Enami	未知	Cu-44	Cpy60%+Bor22%+Py15%+Ten2%+Cov+Sph+Gn +Mrc+Cha
Chile	Cancine	未知	Cu-49-1	Py60%+Cpy38%+Bor1%+Cov1+Ten+Sph+Mag+ Hem+Po+En

国家	矿床（区）	类型	编号	矿物组合（片子）
Congo	Kinsenda	SSC	Cu-51-3	Bor30%+Cpy30%+Cha20%+Cov13%+Sph+Po+Rt
Congo	Kapulo	SSC	Cu-100-1	Cpy78%+Bor15%+Py5%+Sph1%+Cov
Ecuador	Pimicape S. A	未知	Cu-91-1	Cpy80%+Sph10%+Py8%+Cov1%+Tnr+Cpr+Ten+Gn+Mal+En+Cp
Eritrea	Bisha	VMS	Cu-29	Cpy97%+Py2%+Sph+Cov
Indonesia	Grasberg	PCD	Cu-30	Cpy88%+Py4%+Bor7%+Sph+Cov+Mol+Po
Indonesia	Batu Higua	PCD	Cu-32	Cpy80%+Py15%+En2%+Sph1%；+Cha+Bor+Ten+Mol+Po+Gn+Cov
Malaysia	Malaysia Blend	未知	Cu-31	Cpy85%+Py10%+Sph3%+Cov2%+Cha+Bor+En+Mol+Po+Gn
Laos	Phu Kham	PCD	Cu-47-1	Cpy70%+Py25%+Ten3%+Bor1%+Cov+Cha+En+Sph
Laos	勐龙铜矿	VMS	Cu-39	Mal65%+Az30%+Cpy3%+Py2%+Sph
Mauritania	未知	未知	Cu-03	Cpy98%+Po1%+Sph+Py
Mexico	Cananea	PCD	Cu-23	Cpy95%+Spy2%+Py1%+Cov1%+Mol+Cha
Mexico	Buenavista	VMS	Cu-42	Cpy60%+Py30%+Sph6%+Cov2%+Mol+Ten+Gn
Mexico	Mexican Blend	未知	Cu-01	Cpy79%+Py9%+Cov4%+Bor3%+Sph1%+Apy3%+Ten+Po+En+Mol+Nic
Mexico	Mexican Sulphide Blend	未知	Cu-33	Cpy55%+Py35%+Sph5%+Ten5%+Cha3%+Bor+Mol+Po+Gn+Cov
Mexico	Dia Brass	未知	Cu-64-1	Cpy65%+Py25%+Bor4%+Ten3%+Sph1%+Cov+Apy+Gn
Mexico	Santa Maria	未知	Cu-81-1	Cpy85%+Py10%+Bor2%+Sph1%+Cov1%+Ten+Mol+Gn
Myanmar	Choushui	PCD	Cu-40	Az+Mal54%，Mag+Hem45%，Py+Apy
Myanmar	Choushui	PCD	Cu-41	Py50%+Cpy20%+Tnr/Cpr20%+Sph7%+Mag+Hem+Cov+Cp
Panama	未知	未知	Cu-77-1	Cpy85%+Py11%+Sph2%+Mol1%+Cov+Bor
Papua New Guinea	OK TEDI	PCD	Cu-46	Cpy85%+Py10%+Sph3%+Cov2%+Cha+Bor+En+Mol+Po+Gn
Papua New Guinea	OK TEDI	PCD	Cu-95-1	Cpy65%+Py20%+Sph10%+Bor3%+Apy+Cov+Mal+Ten+Mol+Po
Peru	Condestable	IOCG	Cu-05	Cpy97%+Sph1%+Cov1%+Py+Ten+Mol+Po+Mag+Cpr+Tnr
Peru	Antamina	PCD	Cu-06	Cpy98%+Sph1%+Bor+Mol+Py+Ten+Cha

国家	矿床（区）	类型	编号	矿物组合（片子）
Peru	Las Bambas	PCD	Cu-07	Cpy48%+Bor48%+Cov1%+Ten+Cha+Mol+Py+Mag
Peru	Toromocho	PCD	Cu-09	Cpy87%+Py8%+Cov2%+Sph1%+Cha1%+Ten+Bor+Gn+Po
Peru	Cerro Verde	PCD	Cu-10	Cpy97%+Py1%+Cov-1%+Sph+Mol
Peru	Constancia	PCD	Cu-11	Cpy55% + Py23% + Sph7% + Bor6% + Ten5%+Cov4%
Peru	Peru SulphideBlend	未知	Cu-02	Cpy62% + Py20% + Ten12% + Cov3% + Sph2% + Bor1%+Tet+Gn
Peru	Nazca	未知	Cu-08	Cpy84%+Py10%+Sph2%+Cov2%+Ten1%+Bor+Gn+Cha
Peru	Trujillo	未知	Cu-48-1	Py94%+Cpy4%+Cov1%+Tet
Philippines	Carmen	PCD	Cu-65-1	Cpy75%+Py15%+Bor5%+Cov2%+Sph+Ten
Philippines	Lucky Rock	未知	Cu-34	Py80%+Bor3%+Cpy3%+Sph+Cov
Philippines	Philex	未知	Cu-94-1	Cpy70%+Py20%+Sph4%+Bor5%+Cov+Mol
Spain	Aguas Tenidas	VMS	Cu-43	Cpy55%+Py30%+Ten8%+En3%+Sph2%+Bor1%+Cov+Mol+Gn+Apy
Spain	IberIcan	未知	Cu-78-1	Cpy70%+Py15%+Cov9%+Bor4%+Sph1%+Mol+Ten
Laos	PhuKham	PCD	Cu-28	Cpy94%+Py4%+Ten2%+Cov+Tet+Bor+Cha
USA	Sierrita	PCD	Cu-24	Cpy99%+Py+Sph+Cov+Mol
USA	Pinto Valley	PCD	Cu-25	Cpy98%+Py1%+Cov+Mag+Mol
Spain	Spanish Cu Concs	未知	Cu-36	Cpy80%+Py10%+Bor5%+Cov2%+Sph1%
Chile	未知	未知	Cu-37	Cpy95%+Py3%+Sph2%+Cov
Peru	Peruvian Cu Concs	未知	Cu-38	Cpy95%+Py2%+Sph2%+Bor+Ten+Cov
Chile	Tarapaca	PCD	Cu-76-1	Cpy55%+Py20%+Cov12%+Sph2%+Mol+Ten
China, Taiwan	Taiwanese Blended Cu Concs	未知	Cu-35	Cpy80%+Py7%+Bor5%+Sph3%+Mol2%+Cov
China, Taiwan	未知	未知	Cu-67-1	Cpy65%+Py25%+Bor5%+Sph3%+Mol2%+Cha+Cov

由表4-4可知，矿物结构种类也较多，达10余种，比较常见的是黄铜矿包裹或交代黄铁矿，闪锌矿出溶黄铜矿以及铜蓝交代其他铜矿物（如黄铜矿、斑铜矿）。值得注意的是，来自西班牙的铜精矿样品（Cu-43）可见黄铜矿的环带结构，而来自菲律宾的铜精矿样品（Cu-34）可见黄铁矿的环带结构，这些环带之间均被闪锌矿充填（表4-4）。

表4-4　铜精矿样品矿物结构表

国家	类型	编号	矿物连生关系
Australia	IOCG	Cu-18、Cu-19、Cu-20、Cu-92-1	黄铜矿与斑铜矿共生，闪锌矿包裹黄铜矿，闪锌矿中有滴状黄铜矿，黄铜矿与磁黄铁矿、闪锌矿与黄铜矿连生，赤铁矿穿插斑铜矿，赤铁矿交代磁铁矿，铜蓝交代辉铜矿，铜蓝交代斑铜矿。
Australia	MSD	Cu-66-1	黄铜矿交代磁黄铁矿和黄铁矿，闪锌矿交代黄铜矿，黄铁矿和磁黄铁矿共生
Australia	Sedex	Cu-50-1	磁黄铁矿、闪锌矿与黄铜矿连生，黄铜矿包裹闪锌矿，黄铜矿包裹磁黄铁矿
Australia	VMS	Cu-21	黄铁矿被黄铜矿交代或包裹，黄铜矿被闪锌矿交代，闪锌矿内见乳滴状黄铜矿
Australia	VMS	Cu-22	连生矿物较少，磁黄铁矿、黄铜矿与闪锌矿连生，闪锌矿包裹石英、黄铜矿角砾，闪锌矿-透明矿物脉穿插黄铜矿与磁黄铁矿
Brazil	IOCG	Cu-26、Cu-27、Cu-68-1、Cu-93-1	黄铜矿被黄铁矿包裹，斑铜矿和黄铜矿共生，磁黄铁矿和黄铜矿共生，辉铜矿交代黄铜矿，闪锌矿和黄铜矿共生，闪锌矿交代黄铜矿，闪锌矿中出溶乳浊状黄铜矿，铜蓝交代斑铜矿、辉铜矿
Brazil	PCD	Cu-75-1	黄铜矿和黄铁矿连生，黄铁矿和闪锌矿连生，铜蓝交代黄铜矿
Canada	PCD	Cu-45、Cu-71-1、Cu-72-1	黄铜矿包裹/充填黄铁矿，黄铜矿与砷黝铜矿连生，黄铜矿与斑铜矿共生，黄铜矿与闪锌矿共生，斑铜矿格子状出溶黄铜矿，闪锌矿出溶黄铜矿，斑铜矿被铜蓝交代
Chile	PCD	Cu-04、Cu-12~Cu-17、Cu-44、Cu-49、Cu-52-1、Cu-61-1~Cu-63-1、Cu-73-1Cu-74-1	黄铜矿、砷黝铜矿及斑铜矿连生，斑铜矿、闪锌矿和黄铜矿三者连生，黄铜矿与斑铜矿交代黄铁矿，黄铜矿被斑铜矿交代，闪锌矿网脉交代黄铜矿，闪锌矿交代黄铁矿，砷黝铜矿交代斑铜矿，闪锌矿、斑铜矿、砷黝铜矿出溶黄铜矿，铜蓝交代斑铜矿与闪锌矿，另黄铜矿与磁黄铁矿共生，磁铁矿被赤铁矿针状交代（Cu-49）
Chile	PCD	Cu-13	斑铜矿与黄铜矿连生，铜蓝交代黄铜矿、斑铜矿与砷黝铜矿，闪锌矿出溶黄铜矿，黄铁矿的溶蚀边，黄铁矿包裹黄铜矿

国家	类型	编号	矿物连生关系
Congo	SSC	Cu-51-3、Cu-100-1	斑铜矿包裹、交代黄铜矿，黄铜矿包裹或穿插黄铁矿，斑铜出溶黄铜，铜蓝交代斑黄铜矿、铜矿、辉铜矿
Indonesia	PCD	Cu-30、Cu-32	黄铜矿包裹黄铁矿，斑铜矿与黄铜矿共生，闪锌矿与粗粒黄铜矿、斑铜矿连生，闪锌矿出溶黄铜矿，铜蓝交代斑铜矿，铜蓝交代斑铜矿和硫砷铜矿，另见磁黄铁矿与黄铜矿共生（Cu-31）
Laos	PCD	Cu-39、Cu-47-1	Cu-47-1 见黄铜矿包裹黄铁矿，斑铜矿包裹黄铁矿，砷黝铜矿出溶黄铜矿，砷黝铜矿和黝铜矿连生，闪锌矿出溶黄铜矿，硫砷铜矿包裹斑铜矿，铜蓝交代斑铜矿。而 Cu-39 为氧化带矿石，仅见孔雀石与蓝铜矿共生
Mexico	PCD	Cu-23	斑铜矿交代辉铜矿，黄铜矿和闪锌矿固溶体
Mexico	VMS	Cu-42	黄铜矿包裹或交代黄铁矿，闪锌矿交代黄铁矿，闪锌矿出溶黄铜矿，砷黝铜矿交代或出溶黄铜矿，铜蓝交代黝铜矿以及斑铜矿
Mexico	未知	Cu-01、Cu-33、Cu-64-1、Cu-81-1	黄铁矿被斑铜矿、辉铜矿包裹，黄铜矿、闪锌矿共生，黄铜矿、斑铜矿以及砷黝铜矿共生，硫砷铜矿交代黄铜矿，闪锌矿交代硫砷铜矿和黄铜矿，砷黝铜矿、黄铜矿、闪锌矿共生，铜蓝交代黄铜矿，铜蓝在黄铁矿周围生长，毒砂与砷黝铜矿连生，闪锌矿出溶黄铜矿，铜蓝交代其他铜矿物
Myanmar	PCD	Cu-40、Cu-41	Cu-40 见磁铁矿出溶或交代赤铁矿，自然铜被黑铜矿或赤铜矿交代，铜蓝交代黄铜矿或沿着黄铁矿裂隙充填，闪锌矿出溶黄铜矿。而 Cu-41 为氧化带矿石，见黄铁矿被磁铁矿或赤铁矿交代，磁铁矿和褐铁矿共生，蓝铜矿和孔雀石共生脉状共生
Peru	IOCG	Cu-05、Cu-07、Cu-09、Cu-11	黄铜矿包裹自形黄铁矿，黄铜矿与斑铜矿连生，闪锌矿被砷黝铜矿交代，斑铜矿与闪锌矿连生，闪锌矿与黄铜矿连生，磁黄铁矿与黄铜矿连生，斑铜矿、闪锌矿出溶黄铜矿，铜蓝交代黄铜矿、斑铜矿
Peru	未知	Cu-02、Cu-08、Cu-48-1	黄铜矿交代黄铁矿，斑铜矿与黄铜矿连生，铜蓝交代黄铜矿，砷黝铜矿、黝铜矿、闪锌矿出溶黄铜矿，闪锌矿交代黄铁矿，砷黝铜矿交代黄铁矿砷黝铜矿中间黄铜矿细脉，铜蓝交代黄铜矿和黝铜矿
Philippines	PCD	Cu-65-1	斑铜矿交代黄铜矿，铜蓝交代黄铜矿，黄铜矿交代黄铁矿，砷黝铜矿包裹黄铁矿

国家	类型	编号	矿物连生关系
Philippines	未知	Cu-34、Cu-94-1	黄铜交代黄铁和斑铜，黄铁矿颗粒内部有闪锌矿包裹体，斑铜矿交代黄铜矿，铜蓝交代斑铜矿。另Cu-34见黄铁矿的环带结构。
Spain	VMS	Cu-43	黄铜矿包裹黄铁矿，黄铜矿包裹毒砂，黄铜矿包裹斑铜矿，环带黄铜矿，砷黝铜矿与黄铜矿连生，砷黝铜矿出溶黄铜矿，砷黝铜矿被斑铜矿交代，砷黝铜矿包裹硫砷铜矿，硫砷铜矿被斑铜矿交代，闪锌矿包裹方铅矿，砷黝铜矿与闪锌矿、黄铜矿连生。另，该样品见黄铜矿的环带结构
Spain	未知	Cu-78-1	斑铜矿和黄铁矿连生，黄铁矿和黄铜矿连生，斑铜矿交代黄铁矿，铜蓝交代斑铜矿，黄铁矿和闪锌矿共生
USA	PCD	Cu-24、Cu-25	连生极少，矿物几乎全部为单体
Chile	PCD	Cu-76-1	斑铜矿出溶黄铜矿，铜蓝交代黄铜矿和斑铜矿，闪锌矿出溶黄铜矿，砷黝铜矿和闪锌矿连生
China，Taiwan	未知	Cu-35	斑铜矿与黄铜矿连生，黄铁矿与黄铜矿连生，黄铜矿从边部交代斑铜矿，闪锌矿交代黄铜矿、黄铁矿
China，Taiwan	未知	Cu-67-1	斑铜矿与黄铜矿连生，斑铜矿交代黄铜矿，黄铁矿和辉铜矿共生，黄铜矿与黄铁矿共生，铜蓝交代斑铜矿
Eritrea	VMS	Cu-29	连生矿物较少，黄铜矿包裹黄铁矿，黄铜矿与闪锌矿连生，闪锌矿交代黄铜矿之后又被铜蓝交代

4 讨论

4.1 澳大利亚和巴西铜精矿物相特征

在矿物组合方面，来自巴西和澳大利亚的样品以含磁黄铁矿，同时又含磁铁矿为特征（图4-12、图4-13、图4-14），这与来自巴西的铜精矿样品主要为 IOCG 型以及来自澳大利亚的铜精矿样品含有不少 IOCG 型密切相关，因为本次研究中发现 IOCG 类矿床中磁黄铁矿含量远高于其他成因类型的矿床（图4-12A）。同时，目前的样品显示来自于澳大利亚的样品磁黄铁矿含量更高，但含量变化较大（图4-12A），这与来自澳大利亚的铜精矿样品包含 MSD 型（Cu-66-1）和 Sedex 型（Cu-50-1）型有关，MSD 型以含较多磁黄铁矿（含量约5%）为特征，而来自 Sedex 型矿床（Kanmantoo）的 Cu-50-1 含有大量的磁铁矿和磁黄铁矿（图4-13）。

此外，岩浆铜镍硫化物矿床（MSD）以含镍黄铁矿为特征，本次研究在 Cu-66-1 中也有见到（图4-13），只是含量较低。而澳大利亚和巴西含有一定量的辉钼矿（Mol），以此区别于印尼、老挝、西班牙等国家的铜精矿样品（图4-12），但这结论需要更多的样品数据作为支撑。

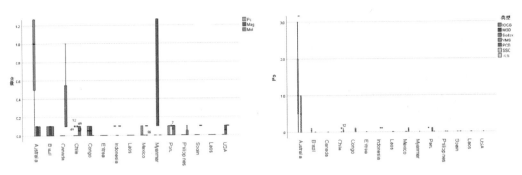

图 4-12　（A）铜精矿 Po、Mag 和 Mol 含量箱形图和（B）不同类型铜精矿 Po 含量箱形图

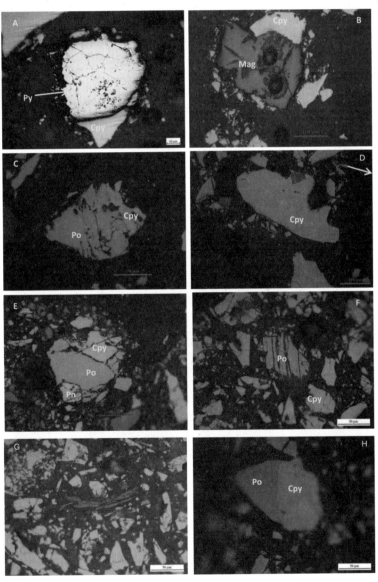

A-D 来自 Cu-50-1；E-H 来自 Cu-66-1。矿物缩写：Cpy-黄铜矿，Mag-磁铁矿，
Mol-辉钼矿，Pn-镍黄铁矿，Po-磁黄铁矿，Py-黄铁矿，Sph-闪锌矿。

图 4-13　澳大利亚铜精矿典型矿相照片

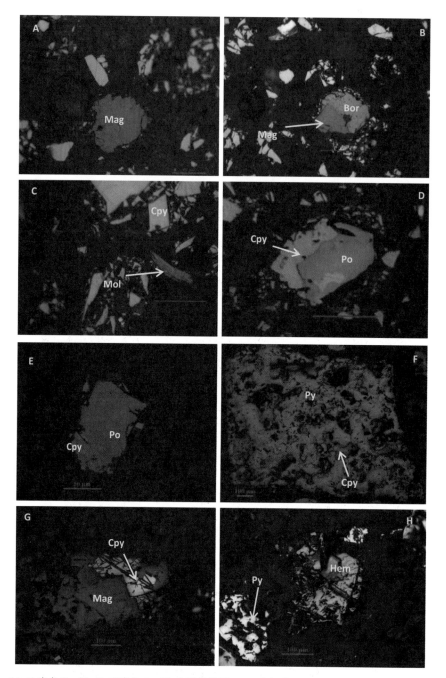

（A-D 来自 Cu-27；E-H 来自 Cu-93-1 矿物缩写：Bor-斑铜矿，Hem-赤铁矿，其余缩写同上。）

图 4-14　巴西铜精矿典型矿相照片

在矿物结构方面，来自澳大利亚 Nova 矿区的 Cu-66-1 可见镍黄铁矿、磁黄铁矿和黄铜矿共生的结构，这是岩浆铜镍硫化物矿床（MSD）独有的特征，在目前的样品中，可以直接溯源到该矿床，同时来自澳大利亚 Sedex 型矿床（Kanmantoo，Cu-50-1）的磁铁矿具有粗粒结构，目前的样品中也是唯一。

4.2 智利和秘鲁铜精矿物相特征

在矿物组合方面，来自智利和秘鲁的样品以含较高的黄铁矿和砷黝铜矿为特征（图4-15），而来自澳大利亚、巴西的铜精矿样品黄铁矿和砷黝铜矿含量较低。来自智利和秘鲁的铜精矿主要是斑岩型-矽卡岩型（PCD），与来自澳大利亚和巴西的铜精矿在成因类型上有一定的差异，因此这种差异可能与成矿作用有关。同一成因（PCD）的美国和墨西哥铜精矿黄铁矿含量也较高，而来自刚果（金）的铜精矿样品是SSC型则较低，可以佐证这种认识。然而，VMS和PCD以及IOCG等在黄铁矿含量上并没有明显差异，因此这种差异可能不是由其他原因引起的，比如黄铜矿与黄铁矿连生情况，但是需要更详细的研究。

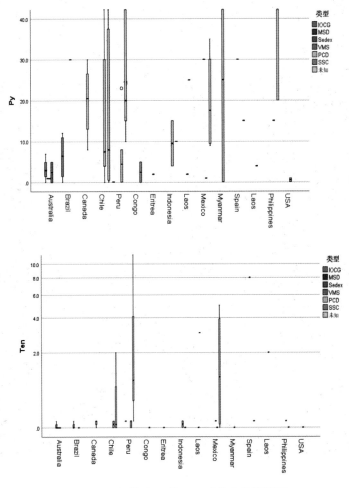

图 4-15 铜精矿 Py 和 Ten 矿物含量箱线图

在矿物结构方面，来自智利和秘鲁的铜精矿目前的数据未见能与其他国家有效区分的结构，还需要更详细的研究。同时，不论是 VMS、Sedex 还是 IOCG，这些矿床的形成主要与热液有关，很难见到排它性的矿物结构。当然，含有较多的砷黝铜矿（Ten）时，常能见到较多的砷黝铜矿出溶黄铜矿的结构（图 4-16A、图 4-17F），但是砷黝铜矿本身含量不是很多，这种结构的指示性需要进一步研究。

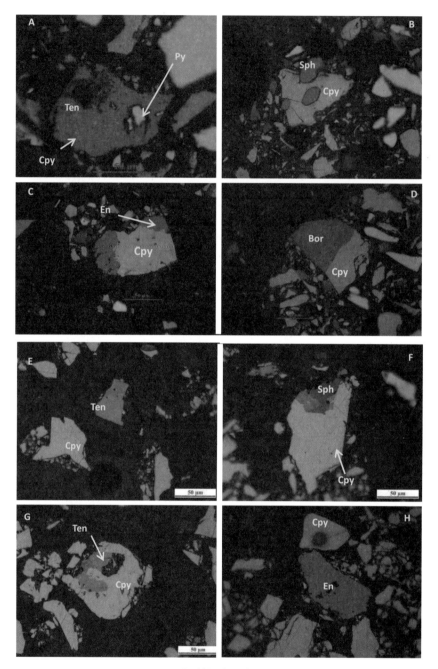

图 4-16　智利铜精矿典型矿相照片

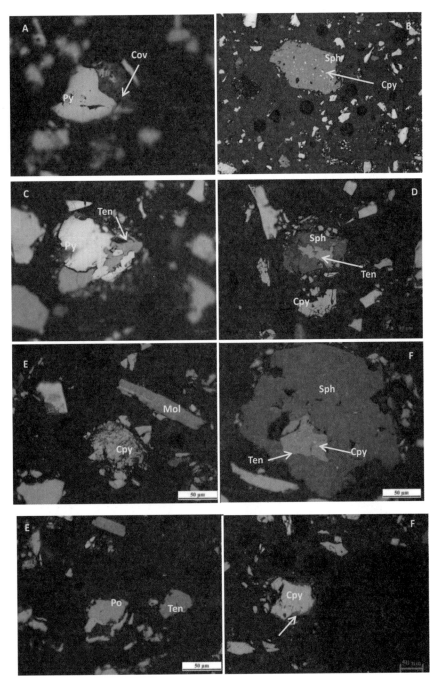

图4-17　秘鲁铜精矿典型矿相照片

4.3　刚果（金）、墨西哥和加拿大铜精矿物相特征

目前的样品中，来自刚果（金）的铜精矿样品为 SSC 型，其以高的斑铜矿含量区别于大多数国家的铜精矿，智利除外（图4-18），同时其以低的 Py 含量和 Ten 含量区别于秘鲁的铜精矿（图4-15）。此外，来自 Kinsenda 矿区的 Cu-51-3 基本不含闪锌矿

（Sph），而来自 Kapulo 矿区的 Cu-100-1 仅含有少量闪锌矿（约 1%），总体上，来自刚果（金）的铜精矿还以较低的闪锌矿含量区别于智利和秘鲁等国家。

墨西哥和加拿大的铜精矿具有较高的 Py 含量，与智利和秘鲁相似，但加拿大铜精矿样品砷黝铜矿（Ten）含量低，与智利和秘鲁相区别（图 4-15），而墨西哥铜精矿样品以较低的斑铜矿（Bor）含量区别于智利和秘鲁的铜精矿（图 4-18A）。

矿物结构方面，未见明显区别于其他国家或矿区的结构。其中，来自刚果（金）的铜精矿可见斑铜矿出溶黄铜矿呈格子状（图 4-19A），铜蓝交代斑铜矿（图 4-19D），斑铜矿包裹黄铜矿（图 4-19E）以及黄铁矿包裹角砾状黄铁矿（图 4-19H）等。此外，值得一提的是，8 件多铜矿共生的样品有 6 件来自于智利（Cu-04、Cu-15、Cu-74-1）和墨西哥（Cu-01、Cu-33、Cu-81-1），其余 1 件来自于加拿大（Cu-45），1 件来自西班牙（Cu-43，有环带），而巴西、澳大利亚、秘鲁则没有多铜矿共生的现象出现，以上结构都是后期研究值得关注的。

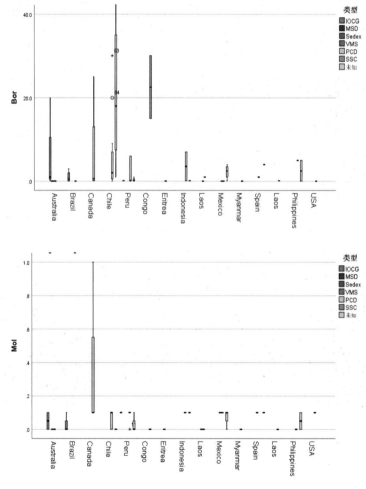

图 4-18 铜精矿 Bor 和 Mol 矿物含量箱形图

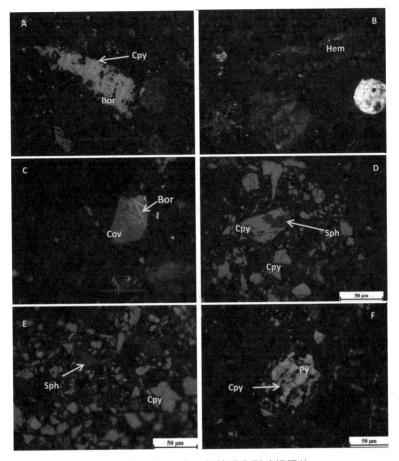

图 4-19 刚果（金）铜精矿典型矿相照片

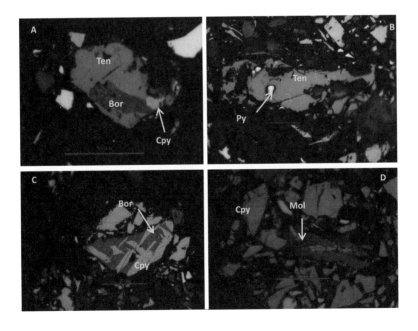

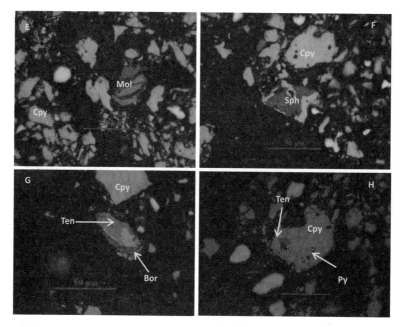

图 4-20　墨西哥和加拿大铜精矿典型矿相照片

5　本章小结

　　本章综述了不同成因铜矿床产出的构造背景、时代特征以及矿床成因模式，同时总结了不同成因矿床矿石组构上的特点，为后期的矿相分析打下基础。利用矿相显微镜对 20 个国家（地区）75 个样品进行详细地矿相观察，发现铜精矿金属矿物种类较多，但总体以铜的硫化物为主。其中，有 5 件样品以黄铁矿为主，约占总体的 6%，3 件产自氧化带的矿石以孔雀石、蓝铜矿或铁的氧化物（磁铁矿和赤铁矿）为主，约占总体的 4%。矿石结构较多，常见黄铜矿包裹或交代黄铁矿，闪锌矿出溶黄铜矿以及铜蓝交代其他含铜矿物，而磁黄铁矿、镍黄铁矿和黄铜矿共生仅在来自于澳大利亚 Nova 矿区的样品（Cu-66-1）中可见，矿物明显的环带结构仅在来自西班牙、菲律宾以及缅甸等 3 国铜精矿样品中可见。

　　通过对矿物含量及其矿物结构进行统计分析，发现澳大利亚和巴西的铜精矿样品矿物含量较为相似，以较高的磁黄铁矿（Po）含量以及常见磁铁矿（Mag）为特征，而智利和秘鲁的铜精矿样品则以较高的黄铁矿（Py）含量和常见砷黝铜矿（Ten）为特征，而加拿大的铜精矿样品以含高的辉钼矿（Mol）为特征，刚果（金）的铜精矿样品以含较高的斑铜矿（Bor）为特征，同时以较低的黄铁矿含量区别于斑铜矿含量较多的智利。墨西哥的铜精矿与智利和秘鲁的特征较为相似，但是其以较低的斑铜矿含量区别于它们。

　　在矿物结构方面，除了上述提到的环带结构以及特殊的 MSD 型 Po-Cpy-Po 共生的结构可以直接指示矿床（成因）之外，巴西、澳大利亚以及秘鲁没有发现这种多铜矿共生现象。此外，更多矿物结构上的指标需要更详细的研究，比如每类结构在含量上是否会有差异，但铜精矿的连生体较少，要在这方面取得突破还需要进一步的研究。

参考文献：

[1] 王琴,胡金盟,轩小虎.基于偏光显微镜矿物颗粒种类及含量的鉴定问题简述[J].世界有色金属, 2019(11):260-262.

[2] 王苹.矿石学教程[M].武汉:中国地质大学出版社,2008:244.

[3] Barnes S J,Staude S,Le Vaillant M,et al. Sulfide-silicate textures in magmatic Ni-Cu-PGE sulfide ore deposits:Massive,semi-massive and sulfide-matrix breccia ores[J]. Ore Geology Reviews,2018,101: 629-651.

[4] 徐国风.矿相学的新发展与2000年展望[J].地质与勘探,1984(06):36-43.

[5] 毛景文,罗茂澄,谢桂青,等.斑岩铜矿床的基本特征和研究勘查新进展[J].地质学报,2014,88 (12):2153-2175.

[6] Yang Z,Cooke D. Porphyry copper deposits in China[M]. Society of Economic Geologists Special Publication,2019,133-187.

[7] Seedorff E,Dilles J H,Proffett J M,et al. Porphyry deposits characteristics and origin of hypogene features [M]. Nanjing unversity:Economic Geology 100th Anniversary,2005,251-298.

[8] Meinert L D,Dipple G M,Nicolescu S. World skarn deposits[M]. In:Hedenquist J W,Thompson J F H, Goldfarb R J,et al. One hundredth anniversary volume. Society of Economic Geologists,2005.

[9] Sillitoe R H. Porphyry copper systems[J]. Economic Geology and the Bulletin of the Society of Economic Geologists,2010,105(1):3-41.

[10] Hitzman M,Kirkham R,Broughton D,et al. The Sediment-hosted stratiform Copper Ore System[M]. In: Hedenquist J W,Thompson J F H,Goldfarb R J,et al. Economic Geology 100th Anniversary Volume 1905 -2005. Littleton:Society of Economic Geologists,2005,609-642.

[11] Taylor C D,Causey J D,Denning P D,et al. Descriptive models,grade-tonnage relationships,and databases for the assessment of sediment-hosted copper deposits—with emphasis on deposits in the central Africa Copperbelt, Democratic Republic of the Congo and Zambia [M]. Global Mineral Resource Assessment,2013.

[12] 曾瑞垠,祝新友,张雄,等.海相砂岩型铜矿研究进展及若干问题——以中非加丹加铜矿和云南东川铜矿对比研究为例[J].地质通报,2020,39(10):1608-1624.

[13] 刘玄,范宏瑞,胡芳芳,等.沉积岩型层状铜矿床研究进展[J].地质论评,2015,61(1):45-63.

[14] 祝新友,张雄,蒋策鸿,等.云南东川铜矿的后生成因与勘查意义[Z].中国江西南昌:20172.

[15] Hitzman M W,Selley D,Bull S. Formation of sedimentary rock-hosted stratiform copper deposits through Earth history[J]. Economic geology and the bulletin of the Society of Economic Geologists,2010,105(3): 627-639.

[16] 高辉,裴荣富,王安建,等.海相砂页岩型铜矿成矿模式与地质对比——以中国云南东川铜矿和阿富汗安纳克铜矿为例[J].地质通报,2012,31(08):1332-1351.

[17] Selley D,Broughton D,Scott R,et al. A new look at the geology of the Zambian Copperbelt[M]. In:Hedenquist J W,Thompson J F H,Goldfarb R J,et al. Economic Geology 100th Anniversary Volume 1905- 2005. Littleton:Society of Economic Geologists,2005,965-1000.

[18] Naldrett A J. A history of our understanding of magmatic Ni-Cu sulfide deposits[J]. Canadian mineralogist,2005,43(6):2069-2098.

［19］李文渊. 岩浆 Cu-Ni-PGE 矿床研究现状及发展趋势［J］. 西北地质,2007(02):1-28.

［20］王振江. 中国金川 Ni-Cu(PGE)硫化物矿床深部成矿过程的实验研究［D］. 武汉:中国地质大学,2020.

［21］Naldrett A J. Key factors in the genesis of Noril´sk,Sudbury,Jinchuan,Voisey´s Bay and other world-class Ni-Cu-PGE deposits:Implications for exploration［J］. Australian Journal of Earth Sciences,1997.

［22］Walker R J,Morgan J W,Naldrett A J,et al. Re-Os isotope systematics of Ni-Cu sulfide ores,Sudbury Igneous Complex,Ontario:evidence for a major crustal component［J］. Earth and Planetary Science Letters,1991,105(4):416-429.

［23］Maier W D,Groves D I. Temporal and spatial controls on the formation of magmatic PGE and Ni - Cu deposits［J］. Mineralium Deposita,2011,46(8):841-857.

［24］Saumur B M,Cruden A R,Evans-Lamswood D,et al. Wall-rock structural controls on the genesis of the Voisey´s Bay Intrusion and its Ni-Cu-Co magmatic sulfide mineralization (Labrador,Canada)［J］. Economic geology and the bulletin of the Society of Economic Geologists,2015,110(3):691-711.

［25］Barnes S J,Mungall J E,Le Vaillant M,et al. Sulfide-silicate textures in magmatic Ni-Cu-PGE sulfide ore deposits:Disseminated and net-textured ores［J］. American Mineralogist,2017,102(3):473-506.

［26］Mansur E T,Barnes S,Duran C J. An overview of chalcophile element contents of pyrrhotite,pentlandite,chalcopyrite,and pyrite from magmatic Ni-Cu-PGE sulfide deposits［J］. Mineralium Deposita,2021,56(1):179-204.

［27］Naldrett. Magmatic sulfide deposits［M］. Springer-Verlag Berlin Heidelberg,2004:725.

［28］Singer D A. World class base and precious metal deposits;a quantitative analysis［J］. Economic geology and the bulletin of the society of economic geologists,1995,90(1):88-104.

［29］Herzig P,Hannington M D,Petersen S. Polymetallic massive sulphide deposits at the modern seafloor and their resources potential［J］. International Seabed Authority,2002.

［30］Singer D A. Base and precious metal resources in seafloor massive sulfide deposits［J］. Ore Geology Reviews,2014,59:66-72.

［31］李文渊. 块状硫化物矿床的类型、分布和形成环境［J］. 地球科学与环境学报,2007(04):331-344.

［32］丁世先,崔俊强. 火山成因块状硫化物矿床研究进展［J］. 地质与资源,2013,22(3):243-249.

［33］慕生禄. 西昆仑昆盖山火山岩构造环境与典型矿床研究［D］. 中国科学院研究生院(广州地球化学研究所),2016.

［34］Hannington M D. Volcanogenic massive sulfide deposits［J］. Treatise on Geochemistry (Second Edition),2014,13:463-488.

［35］Maslennikov V V,Maslennikova S P,Large R R,et al. Chimneys in Paleozoic massive sulfide mounds of the Urals VMS deposits:Mineral and trace element comparison with modern black,grey,white and clear smokers［J］. Ore Geology Reviews,2017,85:64-106.

［36］叶天竺,吕志成,庞振山,等. 勘查区找矿预测理论与方法(总论)［M］. 北京:地质出版社,2014:703.

［37］Roberts D E,Hudson G R T. The Olympic Dam copper-uranium-gold deposit,Roxby Downs,South Australia［J］. Economic Geology,1983,78(5):799-822.

［38］Williams P J,Barton M D,Johnson D A,et al. Iron oxide copper - gold deposits:geology,space-time distribution,and possible modes of origin［J］. Economic Geology 100th Anniversary Volume,2005,100:371-406.

［39］Groves D I,Bierlein F P,Meinert L D,et al. Iron oxide copper-gold (IOCG) deposits through Earth history;implications for origin,lithospheric setting,and distinction from other epigenetic iron oxide deposits

［J］. Economic Geology, 2010, 105（3）:641-654.

［40］Sillitoe R H. Iron oxide-copper-gold deposits: an Andean view［J］. Mineralium Deposita, 2003, 38（7）: 787-812.

［41］Pollard P. Evidence of a magmatic fluid and metal source for Fe-oxide Cu-Au mineralisation［J］. Hydrothermal Iron Oxide Copper-Gold and Related Deposits: A Global Perspective, 2000, 1:27-41.

［42］Chen H, Kyser T K, Clark A H. Contrasting fluids and reservoirs in the contiguous Marcona and Mina Justa iron oxide-Cu（-Ag-Au）deposits, south-central Perú［J］. Mineralium Deposita, 2011, 46（7）:677 -706.

［43］Chen H, Clark A H, Kyser T K, et al. Evolution of the giant Marcona-Mina Justa iron oxide-copper-gold district, south-central Peru［J］. Economic geology and the bulletin of the Society of Economic Geologists, 2010, 105（1）:155-185.

［44］Baker T, Mustard R, Fu B, et al. Mixed messages in iron oxide - copper - gold systems of the Cloncurry district, Australia: insights from PIXE analysis of halogens and copper in fluid inclusions［J］. Mineralium Deposita, 2008, 43（6）:599-608.

［45］Kendrick M A, Mark G, Phillips D. Mid-crustal fluid mixing in a Proterozoic Fe oxide-Cu-Au deposit, Ernest Henry, Australia: Evidence from Ar, Kr, Xe, Cl, Br, and I［J］. Earth and Planetary Science Letters, 2007, 256（3-4）:328-343.

［46］Xavier R P, Wieden Be Ck M, Trumbull R B, et al. Tourmaline B-isotopes fingerprint marine evaporites as the source of high-salinity ore fluids in iron oxide copper-gold deposits, Carajás Mineral Province（Brazil）［J］. Geology, 2008, 36（9）:743-746.

［47］Barton M D, Johnson D A. Evaporitic-source model for igneous-related Fe oxide-（REE-Cu-Au-U）mineralization［J］. Geology（Boulder）, 1996, 24（3）:259-262.

［48］Monteiro L V S, Xavier R P, de Carvalho E R, et al. Spatial and temporal zoning of hydrothermal alteration and mineralization in the Sossego iron oxide - copper - gold deposit, Carajás Mineral Province, Brazil: paragenesis and stable isotope constraints［J］. Mineralium Deposita, 2008, 43（2）:129-159.

［49］Barton M D. Treatise on Geochemistry Ⅰ Ⅰ Iron Oxide（-Cu-Au-REE-P-Ag-U-Co）Systems［J］. Treat Geochem, 2014:515-541.

［50］Carne R C, Cathro R J. Sedimentary exhalative（SEDEX）zinc-lead-silver deposits, Northern Canadian Cordillera［J］. CIM Bulletin, 1982, 75（840）:66-78.

［51］Leach D, Sangster D, Kelley K, et al. Sediment-hosted lead-zinc deposits: A global perspective［M］. Economic Geology 100th Anniversary Volume 1905-2005, Hedenquist J W, Thompson J F H, Goldfarb R J, et al, Littleton: Society of Economic Geologists, 2005:100, 561-607.

［52］韩发, 孙海田. Sedex 型矿床成矿系统［J］. 地学前缘, 1999（01）:140-163.

［53］Groves D I, Bierlein F P. Geodynamic settings of mineral deposit systems［J］. Journal of the Geological Society, 2007, 164（1）:19-30.

［54］翟玉林, 魏俊浩, 李艳军, 等. SEDEX 型矿床研究现状及进展［J］. 物探与化探, 2017, 41（03）:392 -401.

［55］Leach D L, Bradley D C, Huston D L, et al. Sediment-hosted lead-zinc deposits in Earth history［J］. Economic geology and the bulletin of the Society of Economic Geologists, 2010, 105（3）:593-625.

［56］Leach D L, Marsh E, Emsbo P, et al. Nature of Hydrothermal Fluids at the Shale-Hosted Red Dog Zn-Pb-Ag Deposits, Brooks Range, Alaska［J］. Economic Geology, 2004, 99（7）:1449-1480.

［57］李健. 辽宁省青城子矿集区铅-锌-金-银多金属成矿作用研究［D］. 吉林:吉林大学, 2020.

［58］Maslennikov V V,Maslennikova S P,Large R R,et al. Chimneys in Paleozoic massive sulfide mounds of the Urals VMS deposits:Mineral and trace element comparison with modern black,grey,white and clear smokers［J］. Ore Geology Reviews,2017,85:64-106.

［59］黄小文,漆亮,赵新福,等.云南东川汤丹铜矿硫化物的 Re-Os 年代学研究［J］.矿物学报,2011,31 （S1）:594.

第五章　激光剥蚀电感耦合等离子体质谱
在进口铜精矿产地溯源中的应用

1　研究现状

激光剥蚀电感耦合等离子质谱仪（LA-ICP-MS）的原位微区分析在地球科学、医学、生物学等方面都得到了良好的运用[1]。在地球科学领域，矿物的原位地球化学分析是成矿以及找矿分析的有效手段[2-5]，不同矿物的微量元素含量具有明显的差异，作为在金矿、铜矿以及铅锌矿中均大量存在的黄铁矿，其常含有较高的 Co、Ni、As、Au，闪锌矿则常含较高的 Mn、Fe、Cd、In 等，方铅矿常含有较高的 Se、Ag、Sb、Bi，而黄铜矿常含有较高的 Ag[6]。

基于大量的统计学研究，不同成因类型的矿床在矿物的微量元素特征上存在差异，从而不少相应的判别图解被建立起来。黄铁矿的 Co、Ni 元素含量及其元素含量即质量分数比值常被用于识别不同成因的矿床[7]，沉积成因的黄铁矿 R(Co/Ni)<1，平均为 0.63；热液（脉状）成因的黄铁矿 R(Co/Ni)>1，多为 1.17~5.00；而火山成因块状硫化物矿床的 R(Co/Ni) 比值为 5~50，平均值为 8.7；岩浆成因（岩浆铜镍硫化物矿床）则具有较高的 Co 和 Ni 含量[8]，如图 5-1A 所示。但是各成因类型的范围有些争议，如图 5-1A[8] 与图 5-1B[9] 所示。此外，黄铁矿的 Co-Ni-As 三元图解也被用于区分不同的成因类型[10,11]，如图 5-2 所示，岩浆或火山型黄铁矿落在 Co 较高的区域，而变质型黄铁矿则落在 Ni 含量较高的区域。

除了 Co、Ni、As 以及 Co/Ni 比值，黄铁矿的 Se 元素含量以及 S/Se 比值对矿床的成因也具有一定的指示意义[12]，其与硫同位素比值 $\delta(^{34}S)$ 的联用能指示成矿流体来源[13]，已经得到一定的认可与应用[14]。一般来说，沉积成因的黄铁矿 Se 元素含量较低，为（0.5~2.0）$\times 10^{-6}$，S/Se 比值在（5~50）$\times 10^4$ 之间，而热液黄铁矿的 Se 含量为（20~50）$\times 10^{-6}$，S/Se 比值在（1~2.67）$\times 10^4$ 之内[12]。

随着科技的进步，LA-ICP-MS 技术在矿床学中得到大量运用[4]，利用机器学习对黄铁矿微量元素进行研究发现，不同成因类型的黄铁矿还是存在一些差异，比如 Sedex 型具有高的 Se、Cd、Au、Te 元素含量，且 Cu、Zn、Ag 和 Pb 含量可与 VMS 型矿床相区别，而 IOCG 中黄铁矿更富 Co，PCD 中更富 Ni，Sn 和 W 元素含量可以用来区分造山型和 VMS 型等。当然，建立的判别图解远不止这些，比如 Augustin[15] 利用 As/Ag 和

Sb/Bi 建立了岩浆成因、成岩成因和热液成因的判别图解。

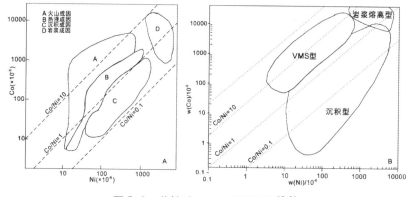

图 5-1　黄铁矿 Co-Ni 判别图解[8-9]

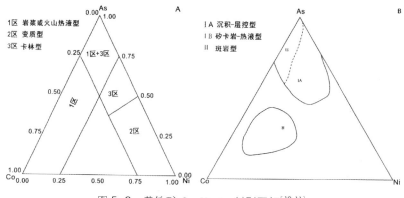

图 5-2　黄铁矿 Co-Ni-As 判别图解[10,11]

　　闪锌矿的许多元素及其元素比值也被用来区分不同的成因类型。张乾[16] 利用闪锌矿的 Ga、In、Zn/Cd 比值、Se/Te 比值和 Cd/In 比值等建立判别岩浆热液型、火山岩型和沉积变质混合岩化型铅锌矿的判别图解；研究中国南方矿床闪锌矿发现，Co-Cd/Fe 建立的二元图解可以较好地区分密西西比河谷型铅锌矿（MVT）、矽卡岩型和火山成因块状硫化物型矿床，如图 5-3 所示，其中矽卡岩型以较高的 Co 含量区别于 VMS 型和 MVT 型，但是该类型 Sn 元素含量较低，而 VMS 型相比 MVT 型有较高的 Cu 含量和较低的 Cd/Fe 比值。但是经过大量的统计，闪锌矿 Ga、Ge、Fe、Mn、In 等元素的变化与沉积时的热力学条件有关。

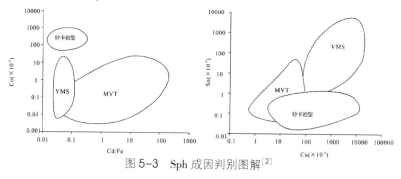

图 5-3　Sph 成因判别图解[2]

此外，黄铜矿、方铅矿和磁黄铁矿中也有相应的判别图解出现（图 5-4，5-5）[3,16,17]，只是应用得相对较少，在此主要介绍黄铜矿。陈殿芬[17] 发现中国岩浆铜镍硫化物矿床中黄铜矿和磁黄铁矿 Co、Ni 元素含量要高于斑岩型和火山成因块状硫化物型，Duran 等[3] 则发现岩浆成因的黄铜矿更富 Ni，而热液成因的更富 Cd，而 Mansur[18] 则进一步投出黄铜矿的 Cd/Se 和 Ni/Se 散点图来区分岩浆和热液黄铜矿。

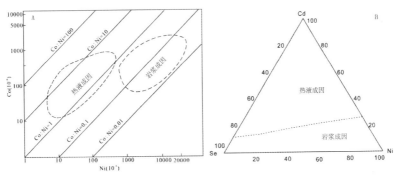

图 5-4　Cpy 成因判别图解[3,17]

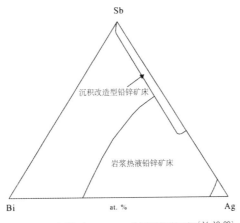

图 5-5　方铅矿（Gn）成因判别图解[16,19,20]

2　样品来源和检测方法

2.1　样品来源

从我国进口铜精矿中地质信息比较全（尤其是样品原产国、矿区清晰，且经过文献查验，成矿类型明确）的样品中选取代表性样品，代表性以其矿床成因类型、成矿时代和矿床分布位置为主要参考依据，选出能代表这个国家铜矿成矿特征的作为测试样品。

从智利进口的铜精矿中，主要分析来自 Escondida 和 Los Pelambres 矿床（区）的样品，而从秘鲁进口的铜精矿中，主要分析来自 Condestable、Antamina、Las Bambas、Toromocho 和 Cerror Verde 矿床（区）的样品。从澳大利亚进口的铜精矿中，主要分析来自 Mim、Eloise、Nova、Kanmantoo、Tritton 和 Cobar 矿床（区）的样品，而从巴西进口的铜精矿中，主要分析来自 Antas North、Sossego 和 Salobo 矿床（区）的样品。其余国家的样品，主要分析来自墨西哥 Cananea 和 Buenavista 矿床（区）和刚（金）果 Kinsenda 矿床（区）的样品。

选取的样品区域跨度较大，包括澳大利亚、巴西、智利、秘鲁、墨西哥、印度尼西亚、刚果（金）、厄立特里亚、缅甸、美国等。同时，选取的样品成矿类型丰富，包括岩浆铜镍硫化物型矿床（MSD）、斑岩-矽卡岩型矿床（PCD）、铁氧化物铜金矿床（IOCG）、火山成因块状硫化物矿床（VMS）、喷流沉积矿床（Sedex）、砂页岩型铜矿床（SSC）等。具体信息详见表 5-1。

表 5-1　原位微量测试样品信息

编号	国家	成因类型	矿床（区）	时代
Cu-18	Australia	IOCG	Mim	未知
Cu-19	Australia	IOCG	Eloise	1530-1515 Ma
Cu-21	Australia	VMS	Tritton	480 Ma
Cu-22	Australia	VMS	Cobar	390 Ma
Cu-50-1	Australia	Sedex	Kanmantoo	522-514 Ma
Cu-66-1	Australia	MSD	Nova	未知
Cu-26	Brazil	IOCG	Antas North	2.6 Ga
Cu-27	Brazil	IOCG	Sossego	2.7, 1.9 Ga
Cu-68-1	Brazil	IOCG	Salobo	2.57 Ga
Cu-13	Chile	PCD	Escondida	38-34 Ma
Cu-14	Chile	PCD	Los Pelambres	10 Ma
Cu-51-3	Congo	PCD	Kinsenda	未知
Cu-29	Eritrea	PCD	Bisha	780 Ma
Cu-30	Indonesia	PCD	Grasberg	3 Ma
Cu-23	Mexico	PCD	Cananea	78-58 Ma
Cu-42	Mexico	VMS	Buenavista	现代
Cu-41	Myanmar	PCD	Choushui	未知
Cu-05	Peru	IOCG	Condestable	115 Ma
Cu-06	Peru	PCD	Antamina	9.8 Ma
Cu-07	Peru	PCD	Las Bambas	42-36 Ma
Cu-09	Peru	PCD	Toromocho	7 Ma
Cu-10	Peru	PCD	Cerro Verde	61-62 Ma
Cu-28	Laos	PCD	Phu Kham	C-P
Cu-24	USA	PCD	Sierrita	57 Ma

2.2　检测方法

激光剥蚀-电感耦合等离子体质谱仪（LA-ICP-MS）由 New Wave UP-213 激光剥蚀系统和 Agilent 7700x 四极杆型电感耦合等离子质谱仪组成。激光剥蚀系统以 He 作为剥蚀物质传输载气，激光斑束直径为 25~40 μm，频率为 5~6 Hz，样品表面能量密度为 5~7 J/cm²。激光原位微区分析主要分析矿物黄铜矿、黄铁矿和闪锌矿的微量元素/同位素，从 ^{23}Na 至 ^{238}U 共 43 个，包括 ^{25}Mg、^{27}Al、^{29}Si、^{34}S、^{39}K、^{42}Ca、^{45}Sc、^{47}Ti、^{51}V、^{53}Cr、^{55}Mn、^{57}Fe、^{59}Co、^{60}Ni、^{65}Cu、^{66}Zn、^{71}Ga、^{72}Ge、^{75}As、^{77}Se、^{85}Rb、^{88}Sr、^{89}Y、^{93}Nb、^{95}Mo、^{107}Ag、^{111}Cd、^{115}In、^{118}Sn、^{121}Sb、^{125}Te、^{137}Ba、^{178}Hf、^{182}W、^{185}Re、^{189}Os、^{197}Au、^{201}Hg、^{205}Tl、^{Total}Pb、^{209}Bi。

在制好的片子上圈出待测点，每个点剥蚀分析约 70 s，包括仪器背景值采集 15 s，激光剥蚀样品信号采集 40 s 及仪器吹扫时间 15 s，每 8 个样品点分析后插入分析一组标准样品。标准样品采用硅酸盐合成玻璃样品 GSE-1G、合成硫化物标准物质 MASS-1 以及实验室标样 Py。数据离线处理采用 ICPMSDataCal 软件完成[21]。

3　数据结果及分析

大部分样品 ^{85}Rb、^{88}Sr、^{89}Y、^{93}Nb、^{178}Hf、^{182}W、^{185}Re、^{189}Os 多低于检测限，^{45}Sc、^{451}V、^{137}Ba、^{201}Hg、^{205}Tl 等元素含量较低，其余元素多在检测限以上，黄铜矿、黄铁矿和闪锌矿微量元素具体见表 5-2、表 5-3 和表 5-4。

从表中可以看出：黄铜矿大部分微量元素含量变化较大，比如 Na、Mg、Al、K、Ca、Pb、Mo、Sb 等变化达两个数量级以上，Cr、Mn、Co、Ni、Zn、Ga、Ge、As、Se 等变化较小；黄铁矿微量元素变化较小，仅 Co、Ni、As 等元素含量变化达两个数量级，而 Na、Mg、Al、K、Ca、Cr、Se 等变化小，甚至仅在同一数量级内变化；闪锌矿的微量元素变化也较大，其中 Mg、Ca、Mn、Pb、Fe、Ga、Sb 等变化较大，而 Na、Ti、Co、Ni、Ge、As、Se、Mo 等变化较小。

表 5-2　各矿床黄铜矿微量元素平均值（10^{-6}）

国家	矿床	点数	Na	Mg	Al	K	Ca	Ti	Cr	Mn	Pb（T）	Co	Ni	Zn	Ga
Australia	Cobar	7	19.7	180.3	555.5	53.7	255.4	5.0	12.8	23.8	47.3	5.1	11.8	401.0	0.4
	Eloise	5	14.9	42.8	76.1	57.2	136.3	4.5	16.6	2.7	21.8	4.6	37.1	741.8	0.4
	Kanmantoo	3	4.0	0.2	0.2	1.6	6.1	0.2	0.9	2.7	0.8	6.7	1.2	1676.0	0.2
	Mim	4	7.8	7.6	7.0	5.2	3.3	1.4	87.7	0.3	5.4	2.8	0.2	524.3	0.1
	Nova	5	26.4	153.6	123.3	66.9	175.6	4.8	1669.4	12.3	16.6	6.6	320.4	378.4	0.2
	Tritton	6	8.6	3.3	4.4	7.4	94.2	0.4	66.5	0.5	9.8	6.8	0.6	833.2	0.4
Brazil	Antas North	5	19.1	13.9	18.0	3.9	54.3	1.4	38.7	9.1	21.6	3.7	48.4	838.7	0.2
	Salobo	4	17.2	27.4	71.3	44.5	40.6	1.8	734.3	7.1	207.8	8.4	4.0	1210.7	16.8
	Sossego	5	53.3	109.4	247.4	42.8	207.4	33.1	41.5	3.0	4.1	0.6	10.4	109.0	0.2
Chile	Escondida	4	159.0	198.0	2422.9	1121.2	0.0	46.9	60.2	14.3	187.6	7.2	0.6	6780.2	1.3
	Los Pelambres	5	864.5	608.6	5006.3	1693.7	663.7	95.4	632.5	18.5	149.7	12.0	3.9	60.2	1.3
Congo	Kinsenda	3	133.9	592.3	9516.8	5713.7	65.5	156.8	341.3	19.8	24.2	11.9	1.4	71.6	3.2
Eritrea	Bisha	4	12.8	7.8	28.3	10.9	249.0	1.1	119.2	5.3	120.3	0.1	0.1	2061.7	23.5
Indonesia	Grasberg	6	360.9	1359.1	1930.4	1212.7	3212.9	89.6	304.9	123.7	507.3	29.4	1.9	220.2	2.2
Mexico	Cananea	5	1133.9	896.3	8430.6	3050.1	426.5	4589.9	572.0	34.0	147.9	51.0	13.3	2196.5	3.2
	Buenavista	5	41.4	14.3	284.1	84.1	54.3	5.6	86.6	19.0	153.6	1.8	11.7	2338.5	0.6
Myanmar	Choushui	5	50.8	1787.5	598.5	159.7	1533.3	241.6	17.8	419.6	18682.2	12.9	6.5	27160.4	1.0
Peru	Antamina	5	31.7	242.5	370.1	135.9	7048.0	8.8	28.6	103.8	491.6	71.1	17.3	15183.5	0.7
	Cerro Verde	5	16.8	35.8	175.3	48.1	368.9	257.8	82.1	6.4	51.7	0.5	0.3	356.2	0.3
	Condestable	4	42.4	1184.7	310.0	268.6	447.9	439.3	86.2	48.7	120.1	1.4	0.9	898.5	2.1
	Las Bambas	5	24.3	77.6	61.1	28.6	146.7	2.5	18.5	3.3	9.5	1.4	0.2	58.7	0.4
	Toromocho	4	13.8	531.1	121.7	19.5	359.9	12.5	73.7	4.6	40.0	0.9	0.1	979.7	7.1
Laos	Phu Kham	5	54.1	65.4	326.7	211.0	149.3	3.2	267.3	7.3	188.5	0.7	1.0	5026.6	0.9
USA	Sierrita	5	69.1	55.2	465.5	127.3	69.3	96.0	295.8	2.8	74.9	1.4	0.7	246.0	1.3

（续表 5-2）

国家	矿床	点数	Ge	As	Se	Mo	Ag	Cd	In	Sn	Sb	Te	Ba	Au	Tl	Bi
Australia	Cobar	7	1.0	2.1	96.1	0.1	10.6	1.4	23.4	367.8	0.6	1.1	0.2	0.04	0.0	19.6
	Eloise	5	0.6	8.6	15.8	0.2	83.9	2.9	22.6	25.1	2.1	1.3	0.8	0.67	0.2	13.1
	Kanmantoo	3	2.0	3.2	17.2	0.0	40.3	2.6	37.9	63.1	0.1	1.0	0.0	0.11	0.0	3.4
	Mim	4	1.3	8.0	64.4	0.2	11.3	0.9	50.2	44.4	1.1	3.2	0.2	0.02	0.1	5.2
	Nova	5	2.6	3.6	40.2	2.2	26.3	17.9	0.7	3.1	5.9	4.9	1.0	0.04	0.0	1.8
	Tritton	6	1.4	2.1	111.7	0.1	66.4	7.0	8.6	21.4	1.3	1.1	0.0	0.04	0.1	0.3
Brazil	Antas North	5	0.7	1.5	52.4	0.0	38.1	3.6	3.5	12.2	0.2	1.7	0.1	0.01	0.1	0.4
	Salobo	4	8.2	19.7	27.5	3.4	65.0	4.3	23.7	137.5	7.8	0.5	1.5	0.11	0.1	16.6
	Sossego	5	0.9	1.3	28.1	1.2	9.6	0.3	3.6	2.3	0.3	0.5	0.6	0.09	0.0	0.7
Chile	Escondida	4	2.4	449.9	102.9	4.2	46.9	36.1	13.3	2.7	3157.1	7.5	11.8	0.07	0.3	16.8
	Los Pelambres	5	2.3	157.8	150.9	142.4	48.5	1.8	3.7	13.4	8.5	2.1	27.2	0.11	0.2	45.6
Congo	Kinsenda	3	2.0	0.8	12.0	1.6	5.0	0.3	16.0	5.2	5.9	0.2	53.8	0.40	0.5	6.9
Eritrea	Bisha	4	28.7	16.7	29.1	0.0	16.3	7.3	11.5	340.3	11.0	2.1	1.1	0.18	2.0	3.3
Indonesia	Grasberg	6	2.7	17.6	319.7	11.4	24.7		7.6	3.7	2.9	5.0	6.8	0.42	0.3	15.7
Mexico	Cananea	5	74.0	4798.9	66.1	6.6	62.1	16.7	29.5	8.8	93.5	3.9	56.9	0.04	5.9	34.4
	Buenavista	5	2.2	16.3	58.4	4.1	15.5	12.6	25.1	13.1	24.5	0.9	2.5	0.03	0.3	3.5
Myanmar	Choushui	5	1.8	57.8	13.0	5.8	103.7	26.9	202.2	75.5	482.9	5.6	13.0	0.08	0.4	1396.5
Peru	Antamina	5	1.0	16.7	43.2	255.0	213.8	36.4	41.7	18.2	7.3	1.8	0.6	0.04	2.8	145.5
	Cerro Verde	5	1.2	38.7	35.3	0.6	2.3	4.5	10.2	1.8	2.0	1.0	0.8	0.01	0.1	1.6
	Condestable	4	1.6	60.1	12.9	0.5	117.0	6.6	206.8	379.7	7.8	1.6	0.7	0.10	0.2	21.9
	Las Bambas	5	1.3	7.6	93.1	8.6	10.3	0.2	2.3	8.3	1.1	5.6	0.7	0.05	0.3	1.5
	Toromocho	4	1.0	52.6	36.8	0.5	6.5	7.8	28.3	124.8	11.6	1.4	0.1	0.02	0.3	4.6
Laos	Phu Kham	5	2.2	2997.6	75.6	4.6	22.5	17.8	85.6	28.3	105.9	19.7	1.4	0.12	0.1	95.5
USA	Sierrita	5	0.8	8.1	41.7	173.9	63.6	2.0	13.1	8.9	12.0	0.5	2.4	0.06	0.1	6.5

表5-3 各矿床黄铁矿微量元素平均值（10^{-6}）

国家	矿床	点数	Na	Mg	Al	K	Ca	Ti	Cr	Mn	Pb（T）	Co	Ni	Cu	Zn	Ga
Australia	Cobar	7	8.4	5.1	82.1	6.1	8.9	0.5	18.6	4.7	7.1	2566	618.4	56.2	18.0	0.1
	Eloise	5	39.3	60.3	27.9	16.3	2.6	3.2	39.4	6.0	35.1	1250.5	506.8	472.3	17.7	0.0
	Kanmantoo	3	1.0	4.5	13.3	0.9	51.6	0.9	57.2	0.9	17.9	2314.7	114.8	209.0	64.7	0.2
	Mim	4	4.5	10.1	0.7	7.4	37.8	0.2	9.4	0.5	3083.5	1068.3	1962.6	142.7	9.9	0.2
	Nova	5	54.3	137.2	234.7	102.0	78.5	4.9	649.4	31.8	335.0	60.6	22.1	6792.9	75707.4	1.1
	Tritton	6	3.0	8.1	7.3	8.8	10.8	2.2	52.2	0.4	0.6	8632.7	1306.9	48.8	2.9	0.0
	Antas North	5	6.6	39.1	251.8	105.1	67.6	3.9	7.4	2.5	3.6	155.4	233.6	3276.7	183.0	0.1
Brazil	Salobo	4	28.8	17.7	423.6	181.6	32.9	34.6	148.5	0.9	1.4	264.7	40.9	100.0	5.9	0.1
	Sossego	5	162.1	22.4	477.0	569.4	137.0	6.3	137.6	28.1	44.8	995.6	91.5	302.7	14.7	0.1
Chile	Escondida	4	1.8	7.4	2.5	2.5	32.9	2.0	34.1	0.6	135.4	314.0	3.8	11.8	78.4	0.0
	Los Pelambres	5	85.0	15.6	368.4	42.6	161.8	1.6	28.7	0.9	69.7	97.2	9.0	24.4	3.3	0.1
Congo	Kinsenda	3	31.2	46.7	526.8	217.3	82.8	23.5	50.1	43.6	311.5	1290.7	273.0	1153.0	1975.5	0.2
Eritrea	Bisha	4	19.7	23.2	162.9	71.5	8.6	25.7	11.0	8.0	9.7	981.7	31.1	314.7	275.6	0.1
Indonesia	Grasberg	6	10.2	17.3	34.1	26.7	32.9	0.3	7.4	16.0	222.7	119.1	2112.7	1498.0	2719.2	0.0
Mexico	Cananea	5	17.8	3.2	1.0	11.9	29.1	2.3	38.9	0.6	9.5	1816.8	395.0	33.7	86.1	0.0
	Buenavista	5	9.5	16.6	50.6	19.6	0.0	86.5	39.2	2.1	11.6	34.4	13.1	190.2	101.9	0.1
Myanmar	Choushui	5	6.2	6.1	3.5	2.9	30.6	0.9	11.4	3.0	5.8	427.3	189.0	3253.7	132.1	0.0
Peru	Antamina	5	11.8	32.5	19.1	9.9	26.0	0.3	13.4	0.8	3.2	70.1	67.8	361.4	3.1	0.0
	Cerro Verde	5	6.8	128.9	1.9	6.9	91.2	13.1	9.0	0.7	1.6	60.9	3.9	85.2	6.8	0.0
	Condestable	4	91.3	17.7	239.0	143.0	113.2	3.8	995.7	4.9	326.1	31.7	54.6	5137.7	358.3	0.1
	Las Bambas	5	24.4	2.4	8.6	16.5	85.4	2.0	15.6	0.2	8.0	751.9	35.2	88.6	8.8	0.0
	Toromocho	4	8.4	5.1	82.1	6.1	8.9	0.5	18.6	4.7	7.1	2566	618.4	56.2	18.0	0.1
Laos	Phu Kham	5	39.3	60.3	27.9	16.3	2.6	3.2	39.4	6.0	35.1	1250.5	506.8	472.3	17.7	0.0
USA	Sierrita	5	1.0	4.5	13.3	0.9	51.6	0.9	57.2	0.9	17.9	2314.7	114.8	209.0	64.7	0.2

（续表5-3）

国家	矿床	点数	Ge	As	Se	Mo	Ag	Cd	In	Sn	Sb	Te	Au	Tl	Bi
Australia	Cobar	7	3.3	0.8	24.6	0.3	2.8	0.2	0.3	1.8	1.1	0.0	0.12	3.1	13.3
	Eloise	5	1.9	17.3	84.6	0.3	0.2	0.3	0.0	1.4	1.7	2.2	0.03	0.4	9.0
	Kanmantoo	3	1.4	42.5	46.3	1.1	0.4	0.3	0.0	0.2	10.2	2.0	0.07	0.0	1.6
	Mim	4	0.7	22.9	66.6	0.0	0.2	0.1	0.0	0.7	0.1	14.1	0.17	0.0	2.4
	Nova	5	2.6	145.1	8.0	127.7	9.6	242.1	0.4	0.9	22.0	13.4	0.49	0.5	12.9
	Tritton	6	1.3	329.1	18.4	0.1	0.0	0.2	0.0	0.1	0.6	0.3	0.02	0.0	0.1
Brazil	Antas North	5	2.1	0.2	38.1	0.0	1.4	0.2	0.2	0.2	0.4	1.7	0.16	0.0	1.8
	Salobo	4	1.6	4.1	15.0	0.1	0.2	0.0	0.0	0.8	0.2	0.7	0.00	0.0	1.2
	Sossego	5	2.2	795.9	9.1	1.7	0.1	0.0	0.0	0.4	3.2	0.2	0.24	0.1	2.4
Chile	Escondida	4	1.8	312.9	13.7	0.1	0.9	0.3	0.0	0.3	1.1	2.6	0.24	0.2	2.2
	Los Pelambres	5	1.8	6.5	10.5	0.0	0.4	0.0	0.0	0.1	30.2	0.2	0.04	2.2	0.6
Congo	Kinsenda	3	0.9	0.0	8.9	2.9	2.8	9.6	0.3	0.3	8.1	1.1	0.00	0.4	4.4
Eritrea	Bisha	4	2.4	6.0	10.8	0.3	1.0	1.3	0.0	0.1	1.2	0.5	0.00	0.0	1.7
Indonesia	Grasberg	6	2.5	6243.0	9.0	0.2	18.1	6.6	83.3	0.6	18.3	21.8	0.11	0.1	98.4
Mexico	Cananea	5	1.9	80.4	32.3	0.0	0.2	0.3	0.0	0.2	0.3	0.9	0.00	0.1	2.3
	Buenavista	5	1.1	3.9	5.2	1.3	0.4	0.5	0.0	0.4	0.7	0.3	0.03	0.0	0.9
Myanmar	Choushui	5	3.3	274.2	7.3	0.2	13.3	5.5	1.5	202.5	2.2	1.2	0.02	0.1	0.1
Peru	Antamina	5	1.4	20.2	7.6	1.3	0.3	0.2	0.0	0.2	0.2	2.2	0.02	0.0	1.4
	Cerro Verde	5	1.7	7.1	9.3	0.0	0.6	0.0	0.0	0.7	0.1	0.5	0.01	0.0	5.4
	Condestable	4	4.5	22.1	67.6	0.7	4.5	2.0	0.7	1.5	1.8	12.9	0.31	0.1	9.3
	Las Bambas	5	1.4	6.0	16.3	0.4	0.2	0.1	0.0	0.1	0.2	3.3	0.02	0.0	3.0
	Toromocho	4	3.3	0.8	24.6	6.2	3.6	12.0	3.9	12.6	5.5	3.3	0.08	0.3	8.0
Laos	Phu Kham	5	1.9	17.3	84.6	0.3	2.8	0.2	0.3	1.8	1.1	0.0	0.12	3.1	13.3
USA	Sierrita	5	1.4	42.5	46.3	0.3	0.2	0.3	0.0	1.4	1.7	2.2	0.03	0.4	9.0

表 5-4　各矿床闪锌矿微量元素平均值（10^{-6}）

国家	矿床	点数	Na	Mg	Al	K	Ca	Ti	Cr	Mn	Pb（T）	Fe	Co	Ni	Cu	Ga
Australia	Cobar	7	9.4	552.8	1477.1	51.2	37.2	7.1	20.2	302.5	29.2	75237.4	618.1	0.9	6045.9	0.9
	Eloise	5	113.2	301.2	734.1	459.5	256.5	27.4	42.7	183.6	22.7	43714.6	348.5	28.4	14140.5	0.4
	Kanmantoo	3	60.7	100.3	165.3	15.0	395.2	0.8	167.4	22.5	2057.2	36181.2	96.2	0.6	4604.3	0.8
	Mim	4	3.2	3.6	8.6	0.7	16.5	0.4	12.0	352.6	17.9	42954.2	876.7	10.0	129.5	0.2
	Nova	5	58.2	1044.0	156.5	62.7	575.7	9.1	401.4	316.2	163.3	1331.2	1.0	4.2	2314.1	6.8
	Tritton	6	10.6	33.6	312.7	136.1	17.3	2.7	5.3	1483.4	47.6	4799.5	2.3	0.2	6260.1	3.4
	Antas North	5	3.8	1.9	9.1	14.0	0.0	2.5	34.8	4308.2	18.8	1639.0	3.5	0.0	2466.1	2.3
Brazil	Salobo	4	14.5	65.7	19.2	8.8	176.9	1.4	95.8	593.2	2364.0	67189.0	0.4	0.2	16656.0	28.9
	Sossego	5	116.5	392.9	922.5	447.6	1620.5	11.6	157.0	66634.0	184.7	23985.2	31.6	1.4	13513.2	40.1
Chile	Escondida	4	21.1	22.6	433.6	172.0	10.8	9.5	106.1	32374.3	310.6	7952.1	2.5	1.1	17711.9	9.8
	Los Pelambres	5	6.2	8.2	45.2	27.2	14.1	0.6	11.4	3743.6	38.2	15278.3	0.8	0.2	4503.3	1.3
Congo	Kinsenda	3	12.4	122.0	63.8	16.5	112.6	2.5	5.1	157.5	1994.0	4854.2	2.4	0.8	1444.2	6.6
Eritrea	Bisha	4	20.0	116.2	108.2	40.2	427.3	3.1	195.1	1446.2	402.6	32251.6	385.9	0.9	9113.7	1.5
Indonesia	Grasberg	6	10.9	8.1	61.8	28.6	79.2	2.9	50.2	1520.6	49.7	4325.2	0.5	0.1	1985.1	147.6
Mexico	Cananea	5	0.0	2.7	1.0	0.0	0.0	0.2	13.1	5674.2	4.1	314.6	0.5	0.2	488.3	1.4
	Buenavista	5	3.3	27.1	11.3	2.6	20.5	0.2	9.0	11333.7	14.6	1270.2	0.0	0.1	4736.4	35.9
Myanmar	Choushui	5	15.1	59.1	32.3	43.9	21.2	1.0	186.0	3598.5	51.7	48395.0	0.2	0.4	406.7	34.1
Peru	Antamina	5	9.4	552.8	1477.1	51.2	37.2	7.1	20.2	302.5	29.2	75237.4	618.1	0.9	6045.9	0.9
	Cerro Verde	5	113.2	301.2	734.1	459.5	256.5	27.4	42.7	183.6	22.7	43714.6	348.5	28.4	14140.5	0.4
	Condestable	4	60.7	100.3	165.3	15.0	395.2	0.8	167.4	22.5	2057.2	36181.2	96.2	0.6	4604.3	0.8
	Las Bambas	5	3.2	3.6	8.6	0.7	16.5	0.4	12.0	352.6	17.9	42954.2	876.7	10.0	129.5	0.2
	Toromocho	4	58.2	1044.0	156.5	62.7	575.7	9.1	401.4	316.2	163.3	1331.2	1.0	4.2	2314.1	6.8
Laos	Phu Kham	5	10.6	33.6	312.7	136.1	17.3	2.7	5.3	6.0	35.1	1250.5	506.8	472.3	17.7	0.0
USA	Sierrita	5	3.8	1.9	9.1	14.0	0.0	2.5	34.8	0.9	17.9	2314.7	114.8	209.0	64.7	0.2

（续表 5-4）

国家	矿床	点数	Ge	As	Se	Mo	Ag	Cd	In	Sn	Sb	Te	Hg	Bi
Australia	Cobar	7	0.2	0.8	85.4	0.0	5.8	568.2	88.6	108.8	0.8	0.2	3.0	17.6
	Eloise	5	0.0	5.0	6.9	0.0	15.4	767.5	65.7	2.5	1.2	1.6	135.2	12.6
	Kanmantoo	3	0.4	6.8	64.4	1.2	11.5	1552.1	7.8	2.5	3.3	2.1	44.8	5.5
	Mim	4	0.2	0.7	33.3	0.0	1.4	941.0	12.2	0.7	0.1	0.4	3.2	1.0
	Nova	5	14.8	11.9	12.4	15.6	37.7	904.4	15.0	3.5	15.7	26.9		5.5
	Tritton	6	0.0	8.5	4.2	3.3	10.8	1388.9	60.1	1.3	1.6	1.0	8.1	5.7
	Antas North	5	0.1	15.5	10.1	1.0	0.8	1260.2	2.3	0.7	0.3	0.3	63.5	0.2
Brazil	Salobo	4	1.9	7.3	23.3	5.8	18.7	1297.0	40.4	27.9	9.5	4.9	6.8	11.7
	Sossego	5	4.5	8.5	28.1	186.7	15.4	1258.3	45.8	1.7	0.8	1.8	21.1	3.8
Chile	Escondida	4	36.6	21.4	3.9	5.1	14.0	681.4	330.1	3.6	19.0	1.8	44.4	2.9
	Los Pelambres	5	0.3	5.9	4.0	4.0	8.0	1073.2	234.7	0.6	5.1	0.2		0.6
Congo	Kinsenda	3	0.2	11.4	2.1	1.4	11.9	2027.0	8.1	5.7	93.0	0.4		99.8
Eritrea	Bisha	4	0.2	8.9	30.2	6.2	13.3	969.4	154.4	1.5	6.4	2.0	4.3	90.6
Indonesia	Grasberg	6	0.5	9.7	1.9	0.8	2.3	2439.9	292.6	1.4	3.3	1.0	38.2	4.9
Mexico	Cananea	5	0.2	14.2	2.8	0.0	1.3	991.8	76.7	0.4	0.3	0.2	7.4	0.7
	Buenavista	5	0.6	1331.0	3.8	0.7	229.1	2147.6	274.9	449.5	1131.4	9.6	33.9	5.1
Myanmar	Choushui	5	0.1	9.2	5.5	2.5	1.8	1685.8	5.2	124.9	2.5	0.1	4.5	8.8
Peru	Antamina	5	0.2	0.8	85.4	0.0	5.8	568.2	88.6	108.8	0.8	0.2	3.0	17.6
	Cerro Verde	5	0.0	5.0	6.9	0.0	15.4	767.5	65.7	2.5	1.2	1.6	135.2	12.6
	Condestable	4	0.4	6.8	64.4	1.2	11.5	1552.1	7.8	2.5	3.3	2.1	44.8	5.5
	Las Bambas	5	0.2	0.7	33.3	0.0	1.4	941.0	12.2	0.7	0.1	0.4	3.2	1.0
	Toromocho	4	14.8	11.9	12.4	15.6	37.7	904.4	15.0	3.5	15.7	26.9		5.5
Laos	Phu Kham	5	0.0	8.5	4.2	3.3	10.8	1388.9	60.1	1.3	1.6	1.0	8.1	5.7
USA	Sierrita	5	0.1	15.5	10.1	1.0	0.8	1260.2	2.3	0.7	0.3	0.3	63.5	0.2

4 讨论

4.1 智利和秘鲁铜精矿微量元素特征

对各矿床样品进行作图分析发现，不同国家的铜精矿样品在黄铜矿 Na、K、Mn、Pb、Ni、Ga、Ge、As、Mo 元素含量有明显区别（图 5-6）。来自智利和秘鲁的铜精矿样品黄铜矿 Ga、As、Mo 元素含量高（图 5-6，表 5-5），其中智利矿床 Ga、As、Mo 元素平均含量分别为 1.3×10^{-6}、287.6×10^{-6}、81.0×10^{-6}，秘鲁矿床 Ga、As、Mo 元素平均含量分别为 1.9×10^{-6}、33.3×10^{-6}、57.6×10^{-6}；澳大利亚和巴西该组元素平均值分别为 0.3×10^{-6}、5.0×10^{-6}、4.3×10^{-6}、6.7×10^{-6}、0.5×10^{-6}、1.4×10^{-6}。同时，智利和秘鲁的样品黄铜矿 Ni 元素含量较低（图 5-6，表 5-5），二者 Ni 元素含量平均值分别为 2.4×10^{-6} 和 4.0×10^{-6}，而澳大利亚和巴西 Ni 元素含量高一个数量级。此外，智利具有较高的 Na、K 元素含量（图 5-6），平均值分别为 550.9×10^{-6} 和 1439.3×10^{-6}，澳大利亚 Na 元素含量则在 $(4.0 \sim 26.4) \times 10^{-6}$ 之间（表 5-5）。

黄铁矿的微量元素则显示智利和秘鲁具有较低的 Co、Au 元素含量（图 5-7，表 5-6），智利该组元素平均值分别为 210.1×10^{-6} 和 0.08×10^{-6}，秘鲁该组元素平均值分别为 368.7×10^{-6} 和 0.02×10^{-6}，澳大利亚和巴西该组元素含量平均值分别为 2043.6×10^{-6}、4548.2×10^{-6} 和 0.07×10^{-6}、0.2×10^{-6}。同时，智利和秘鲁黄铁矿 Se 元素含量较低，二者该元素含量平均值分别为 26.5×10^{-6} 和 10.6×10^{-6}，而澳大利亚和巴西该元素含量平均值分别为 25.0×10^{-6} 和 51.8×10^{-6}。

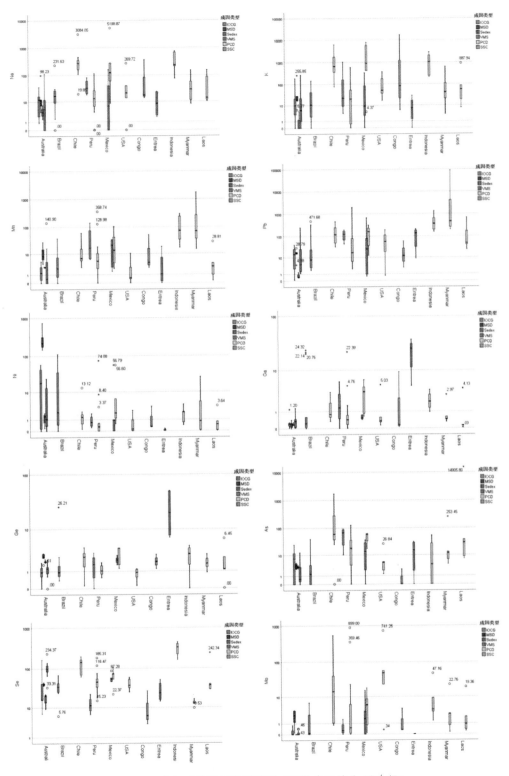

图 5-6　黄铜矿微量元素箱型图（矿物含量均为 10^{-6} 级）

表 5-5　黄铜矿微量元素平均值统计表（10^{-6}）

国家/类型	点数	Na	Mg	Si	K	Ca	Mn	Pb（T）
Australia	30	14.7	76.5	1 248.9	35.6	131.5	8.5	20.2
Brazil	14	30.8	51.9	786.5	29.4	105.1	6.3	68.5
Chile	9	550.9	426.1	9247.4	1 439.3	368.7	16.6	166.5
Peru	23	25.6	375.8	1 789.8	96.3	1784.7	33.9	148.0
Congo	3	133.9	592.3	15 521.9	5 713.7	65.5	19.8	24.2
Eritrea	4	12.8	7.8	727.8	10.9	249.0	5.3	120.3
Indonesia	6	360.9	1 359.1	9 379.9	1 212.7	3 212.9	123.7	507.3
Mexico	10	587.7	455.3	8 144.8	1 567.1	240.4	26.5	150.8
Myanmar	5	50.8	1 787.5	10 690.6	159.7	1 533.3	419.6	18 682.2
Laos	5	54.1	65.4	2 718.9	211.0	149.3	7.3	188.5
USA	5	69.1	55.2	2 484.9	127.3	69.3	2.8	74.9
IOCG	27	26.1	211.5	1113.4	66.4	146.6	11.1	58.2
MSD	5	26.4	153.6	1825.0	66.9	175.6	12.3	16.6
PCD	54	260.8	554.0	6 076.5	724.3	1347.1	70.3	1 906.2
SEDEX	3	4.0	0.2	212.3	1.6	6.1	2.7	0.8
SSC	3	133.9	592.3	15521.9	5713.7	65.5	19.8	24.2
VMS	22	20.4	62.9	1137.6	40.2	164.5	13.0	74.5

（续表 5-5）

国家/类型	点数	Co	Ni	Ga	Ge	As	Se	Mo	Sb+Tl	In/Cd
Australia	30	5.4	62.6	0.3	1.4	4.3	64.4	0.5	2.0	39.0
Brazil	14	3.9	22.1	5.0	2.9	6.7	36.6	1.4	2.4	11.1
Chile	9	9.8	2.4	1.3	2.4	287.6	129.6	80.9	1408.1	5.5
Peru	23	16.3	4.0	1.9	1.2	33.3	46.0	57.6	6.4	11.2
Congo	3	11.9	1.4	3.2	2.0	0.8	12.0	1.6	6.4	49.9
Eritrea	4	0.1	0.1	23.5	28.7	16.7	29.1	0.0	13.0	3.6
Indonesia	6	29.4	1.9	2.2	2.7	17.6	319.7	11.4	3.1	2.6
Mexico	10	26.4	12.5	1.9	38.1	2 407.6	62.2	5.3	62.1	2.7
Myanmar	5	12.9	6.5	1.0	1.8	57.8	13.0	5.8	483.4	29.2
Laos	5	0.7	1.0	0.9	2.2	2 997.6	75.6	4.6	106.0	2.6
USA	5	1.4	0.7	1.3	0.8	8.1	41.7	173.9	12.1	40.5
IOCG	27	3.5	18.5	3.0	2.1	15.1	33.4	0.9	3.1	44.9
MSD	5	6.6	320.4	0.2	2.6	3.6	40.2	2.2	5.9	0.0
PCD	54	17.8	4.3	1.7	8.4	787.6	93.9	56.9	302.1	11.2
Sedex	3	6.7	1.2	0.2	2.0	3.2	17.2	0.0	0.1	15.6
SSC	3	11.9	1.4	3.2	2.0	0.8	12.0	1.6	6.4	49.9
VMS	22	3.9	6.6	4.6	6.4	8.0	79.6	1.0	8.6	8.5

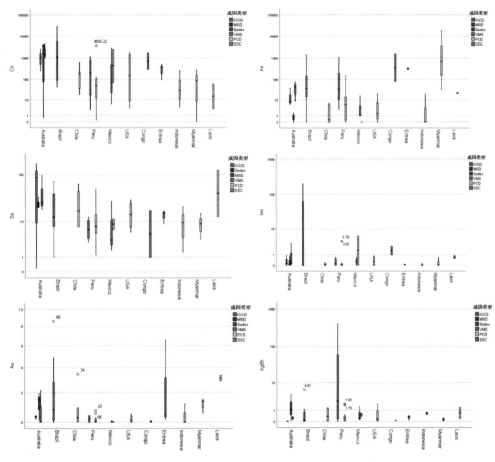

图 5-7　黄铁矿微量元素箱形图（矿物含量均为 10^{-6} 级）

表 5-6　黄铁矿微量元素平均值统计表（10^{-6} 级，Ag/Bi 看作含量比值）

国家/类型	采集样品点数	Co	Ni	As	Se	Mo	Au	Ag/Bi	Pb+Zn
Australia	9	2 043.6	413.3	20.2	51.8	0.6	0.07	0.7	53.5
Brazil	10	4 548.2	1 052.6	212.7	25.0	38.3	0.20	0.9	23 433.2
Chile	6	210.1	137.2	2.2	26.5	0.1	0.08	0.6	96.9
Peru	16	368.7	112.7	84.9	10.6	0.6	0.02	27.2	70.9
Congo	2	995.6	91.5	795.9	9.1	1.7	0.00	0.1	59.5
Eritrea	3	314.0	3.8	312.9	13.7	0.1	0.24	0.3	213.8
Indonesia	3	97.2	9.0	6.5	10.5	0.0	0.04	0.6	73.1
Mexico	5	1 105.3	127.9	3.6	10.1	1.3	0.00	0.6	1 086.0
Myanmar	3	119.1	2 112.7	6 243.0	9.0	0.2	0.11	0.1	2 941.9
Laos	2	31.7	54.6	22.1	67.6	0.7	0.31	0.8	684.4
USA	4	751.9	35.2	6.0	16.3	0.4	0.02	0.6	16.8
IOCG	17	2 996.6	753.1	192.7	31.3	22.7	0.13	24.2	13 826.0
PCD	29	245.0	288.2	689.9	18.4	0.4	0.09	0.5	421.4

（续表 5-6）

国家/类型	采集样品点数	Co	Ni	As	Se	Mo	Au	Ag/Bi	Pb+Zn
Sedex	3	2565.6	618.4	0.8	24.6	0.3	0.12	1.8	25.2
SSC	2	1819.7	3763.1	541.8	10.7	0.7	0.02	7.4	76.7
VMS	12	1289.8	93.7	14.1	21.2	1.0	0.02	0.5	478.7

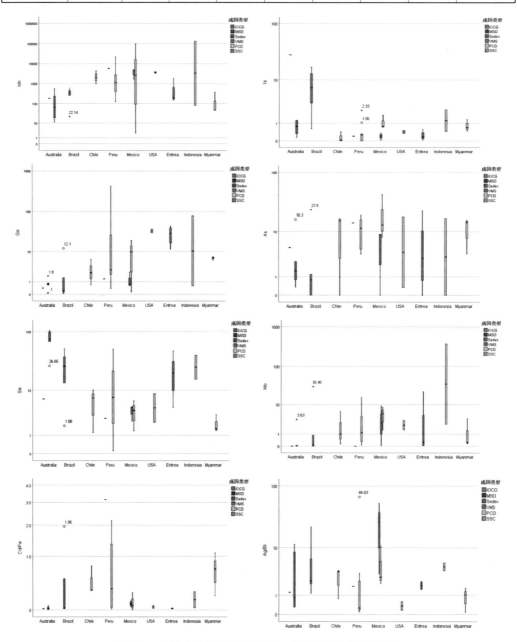

图 5-8　闪锌矿微量元素箱型图（矿物含量均为 10^{-6} 级）

表 5-7　闪锌矿微量元素平均值统计表（10^{-6}，Cd/Fe 看作含量比值）

国家/类型	点数	Mn	Ni	Ga	Ge	As	Se	Mo	Cd/Fe
Australia	7	165.5	4.7	0.8	0.3	4.0	65.2	0.5	0.02
Brazil	6	340.5	8.1	2.4	5.1	4.4	26.3	5.2	0.42
Chile	3	2 425.0	0.2	3.0	0.0	10.8	6.2	2.5	0.45
Peru	10	3 868.8	0.4	52.2	0.4	274.1	13.7	2.9	0.96
Eritrea	4	593.2	0.2	28.9	1.9	7.3	23.3	5.8	0.02
Indonesia	2	66 634.0	1.4	40.1	4.5	8.5	28.1	186.7	0.15
Mexico	6	18 058.9	0.6	5.5	18.4	13.7	4.0	4.6	0.10
Myanmar	3	157.5	0.8	6.6	0.2	11.4	2.1	1.4	0.66
USA	2	3 598.5	0.4	34.1	0.1	9.2	5.5	2.5	0.04
IOCG	8	987.6	9.6	2.0	3.8	5.7	20.9	3.9	0.71
PCD	22	12 652.2	0.6	33.1	5.6	131.5	10.8	19.8	0.47
VMS	13	1 121.4	0.5	9.6	0.8	5.4	42.5	3.0	0.04

　　闪锌矿的微量元素特征显示：智利和秘鲁具有较高的 Mn、Ga、As、Mo 元素含量和 Cd/Fe 比值，但又具有较低的 Ni、Se 元素含量（图 5-8，表 5-7）。其中，两国的 Mn、Ga、As、Mo 元素含量平均值分别为 2425.0×10^{-6}、3.0×10^{-6}、10.8×10^{-6}、2.5×10^{-6} 和 3868.8×10^{-6}、52.2×10^{-6}、274.1×10^{-6}、2.2×10^{-6}，这 4 个元素含量平均值均比澳大利亚和巴西高一个数量级，而两国 Cd/Fe 比值平均分别为 0.45 和 0.96，澳大利亚和巴西则在 0.02~0.42 之间。同时，两国的闪锌矿 Ni 元素含量平均值分别为 0.15×10^{-6} 和 0.45×10^{-6}，而澳大利亚和巴西比这两个国家的高一个数量级；两国闪锌矿的 Se 元素含量平均值分别为 6.2×10^{-6} 和 13.7×10^{-6}，而澳大利亚和巴西的则分别为 65.2×10^{-6} 和 26.3×10^{-6}。

　　值得注意的是，尽管来自于智利和秘鲁的铜精矿硫化物微量元素较为相似，但是二者之间也有一些区别，比如智利黄铜矿 Na、K、Ge、As、Se 元素含量更高，黄铁矿的 Se、Au 元素含量更高，闪锌矿的 Ag/Bi 含量也更高，而秘鲁的闪锌矿 Ga 元素含量略高。

　　总体而言，智利和秘鲁的铜精矿黄铜矿及闪锌矿富 Mo，这与其成矿类型主要是斑岩-矽卡岩型（PCD）有关[22-24]，而南美斑岩成矿系统中铜钼常共生[24-25]。在斑岩铜矿形成过程中，Cu、Mo 及 Au 等元素富集成矿的同时，常引发一些低丰度亲硫元素（如 As、Re 等）的富集[26]，这是 As 元素含量较高的原因之一。而 Na、K 等元素在不同成因类型中的差异目前还没有详细的研究，最新对不同成因类型矿床铁氧化物（磁铁矿）的微量元素研究也没有发现这种差异[27]，这种差异的存在及其解释需要更进一步的研究。

4.2　澳大利亚和巴西铜精矿微量元素特征

　　来自澳大利亚和巴西的样品相似度较高，与来自智利和秘鲁的样品具有明显差异，这些差异主要体现在黄铜矿的 Ga、As、Mo、Ni 和黄铁矿的 Co、Au 以及闪锌矿的 Mn、Ga、As、Mo 等元素含量上（图 5-6、图 5-7 和图 5-8）。

澳大利亚和巴西黄铜矿 Ga、As、Mo 元素含量低（图 5-6，表 5-5），而 Ni 含量高。其中，两国的 Ga、As、Mo 元素含量平均值分别为 0.3×10^{-6}、4.3×10^{-6}、0.5×10^{-6} 和 5.0×10^{-6}、6.7×10^{-6}、4.4×10^{-6}，而智利和秘鲁该组元素含量平均值分别为 1.3×10^{-6}、1.9×10^{-6}、33.3×10^{-6}、287.6×10^{-6}、57.6×10^{-6}、81.0×10^{-6}；两国的 Ni 元素含量平均值分别为 62.6×10^{-6} 和 22.1×10^{-6}，而智利和秘鲁 Ni 元素含量平均值分别为 2.4×10^{-6} 和 4.0×10^{-6}，要低一个数量级。

澳大利亚和巴西黄铁矿 Co、Au 元素含量较高，平均值分别为 2043.6×10^{-6}、0.07×10^{-6} 和 4548.2×10^{-6}、0.20×10^{-6}，而秘鲁和智利该组元素含量低，Co、Au 元素平均值分别为 210.1×10^{-6}、368.7×10^{-6} 和 0.02×10^{-6}、0.08×10^{-6}。

闪锌矿的微量元素特征显示澳大利亚和巴西具有较低的 Mn、Ga、As、Mo 元素含量和 Cd/Fe 比值，但又具有较高的 Ni、Se 元素含量（图 5-8）。其中，两国的 Mn、Ga、As、Mo 元素含量平均值分别为 165.5×10^{-6}、0.8×10^{-6}、4.0×10^{-6}、0.5×10^{-6} 和 340.5×10^{-6}、2.4×10^{-6}、4.4×10^{-6}、5.2×10^{-6}，均比智利和秘鲁低一个数量级；两国的 Cd/Fe 比值平均值分别为 0.02 和 0.42，智利和秘鲁 Cd/Fe 比值平均值则分别为 0.45 和 0.96；两国的 Ni 元素含量平均值分别为 4.7×10^{-6} 和 8.1×10^{-6}，而智利和秘鲁的则分别为 0.2×10^{-6} 和 0.5×10^{-6}；两国的闪锌矿的 Se 元素含量平均值分别为 65.2×10^{-6} 和 26.3×10^{-6}，而智利和秘鲁的则分别为 6.2×10^{-6} 和 13.7×10^{-6}。

值得注意的是尽管来自于澳大利亚和巴西的铜精矿硫化物微量元素较为相似，但是两国之间也有一些区别。比如，巴西黄铜矿中 Na、黄铁矿中 As、Mo 以及闪锌矿中 Mn、Ni 元素含量较高（图 5-6、图 5-7、图 5-8）。

总体而言，澳大利亚和巴西铜精矿样品黄铜矿、闪锌矿中 Ni 元素含量较高与其成矿类型主要为 IOCG 型和 VMS 型等有关，尤其 MSD 型矿床以富 Ni 为特征[8,9]。同时黄铁矿中 Co、Au 元素含量与 IOCG/VMS 等矿床成矿温度以及成矿流体成分密切相关。IOCG 类矿床中 Au 常是成矿元素，同时黄铁矿中具有较高的 Co 含量，比如康滇成矿带的 IOCG 矿床[28,29]，VMS 类矿床中黄铁矿常具有较高的 Co 含量（如图 5-1），同时 Au 是重要的伴生元素，且主要赋存于黄铁矿中，因此致该类型矿床黄铁矿具有较高的 Au 元素含量。

4.3 墨西哥、印度尼西亚和刚果（金）铜精矿微量元素特征

澳大利亚、巴西、智利和秘鲁铜精矿在黄铜矿 K、Ni、Ga、Ge、As、Mo 和黄铁矿 Co、Au 以及闪锌矿 Mn、Ni、Ga、As、Se、Mo 等元素含量上均具有明显差别，而墨西哥、印度尼西亚和刚果（金）等在硫化物微量元素上并没有较多区别性的指标，但是它们也有一些独特的微量元素特征。

来自印度尼西亚的铜精矿样品，黄铜矿 Na、Mg、Ca、Mn、Pb、Co 等微量元素含量高，平均值分别为 360.9×10^{-6}、1359.1×10^{-6}、3212.9×10^{-6}、123.7×10^{-6}、507.3×10^{-6}、29.4×10^{-6}，闪锌矿的 Mo 元素含量高，平均值为 186.7×10^{-6}。

来自墨西哥的铜精矿样品，黄铜矿 Ni、Mo 元素含量在澳大利亚、巴西和智利、秘鲁之间，该组元素平均值分别为 12.5×10^{-6} 和 5.3×10^{-6}，同时闪锌矿 Mn、Ge、Mo 元

素含量高，平均值分别为 $18058.9×10^{-6}$、$18.4×10^{-6}$、$4.6×10^{-6}$，闪锌矿 Ni 元素含量低，平均值为 $0.6×10^{-6}$。

来自刚果（金）的铜精矿样品，黄铜矿 As、Se 元素含量低，平均值分别为 $0.8×10^{-6}$、$12.0×10^{-6}$，而黄铜矿 Ge 元素含量较高，平均值为 $2.0×10^{-6}$；此外，刚果（金）铜精矿中黄铁矿 As、Mo 元素含量高，平均值分别为 $795.9×10^{-6}$、$1.7×10^{-6}$，同时，黄铁矿的 Se、Au 元素含量低，平均值分别为 $9.1×10^{-6}$、$0.04×10^{-6}$。而目前来自刚果（金）的铜精矿样品，基本不含闪锌矿，因此未作对比。

总体来说，墨西哥和印度尼西亚的铜精矿样品在微量元素上与智利和秘鲁的较为相似，这与它们的成矿类型相似有关，均为斑岩-矽卡岩型矿床，而来自刚果（金）的铜精矿样品属于 SSC 型，其具有较低的 Se 元素含量，与沉积成因的黄铁矿比较相似[12]，而 SSC 型矿床仅极少数矿床伴生 Au[30]，因此它们可以用于识别来自刚果（金）的铜精矿。

5　本章小结

本章综述了矿物微量元素在矿床成因类型上的应用，主要包括磁铁矿和黄铜矿、闪锌矿以及方铅矿等微量元素在不同成因类型上的差异，以及利用这些差异所建立的矿床成因类型判别图解，这是对矿床进行溯源的理论基础。

通过对铜精矿中主要的硫化物（黄铜矿、黄铁矿和闪锌矿）进行微量元素研究发现，不同产地的黄铜矿 Na、K、Mn、Pb、Ni、Ga、Ge、As、Mo 有明显区别，黄铁矿微量元素则主要在 Co、As、Se、Au 等方面明显区别，而闪锌矿的微量元素在国家之间的区别性则较强，主要区别元素（或元素比值）为 Mn、Ni、Ga、As、Se、Mo、Cd/Fe 等。

来自智利和秘鲁两个国家的铜精矿样品中，黄铜矿具有高的 Ga、As、Mo 元素含量，但是 Ni 元素含量较低，同时，智利具有较高的 Na、K 元素含量，而这两个国家的铜精矿样品中黄铁矿 Co、Au、Se 元素含量较低，闪锌矿的 Mn、Ga、As、Mo 元素含量和 Cd/Fe 比值较高，而 Ni、Se 元素含量较低。巴西和澳大利亚的铜精矿与智利和秘鲁的相反，而来自印度尼西亚的铜精矿样品，黄铜矿 Na、Mg、Ca、Mn、Pb、Co 等微量元素含量高，来自墨西哥的铜精矿样品黄铜矿 Ni、Mo 元素含量在澳大利亚、巴西和智利、秘鲁之间，来自刚果（金）的铜精矿样品黄铜矿 As、Se 元素含量低，同时刚果（金）铜精矿的黄铁矿 As、Mo 元素含量高，Se、Au 元素含量低。

不同矿床类型甚至不同国家铜精矿矿物微量元素的特征在一定程度上均可以对其进行溯源，但是微量元素受控的因素较多，在测试分析以及溯源过程中尤其需要注意。

参考文献：

［1］Chew D,Drost K,Marsh J H,et al. LA-ICP-MS imaging in the geosciences and its applications to geochronology［J］. Chemical Geology,2021,559:119917.

［2］Ye L,Cook N J,Ciobanu C L,et al. Trace and minor elements in sphalerite from base metal deposits in

South China：A LA-ICPMS study[J]. Ore Geology Reviews，2011，39（4）：188-217.

［3］ Duran C J，Dubé-Loubert H，Pagé P，et al. Applications of trace element chemistry of pyrite and chalcopyrite in glacial sediments to mineral exploration targeting：Example from the Churchill Province，northern Quebec，Canada[J]. Journal of Geochemical Exploration，2019，196：105-130.

［4］ Gregory D D，Cracknell M J，Large R R，et al. Distinguishing ore deposit type and barren sedimentary pyrite using laser ablation-inductively coupled plasma-mass spectrometry trace element data and statistical analysis of large data sets[J]. Economic Geology，2019，114（4）：771-786.

［5］ 范宏瑞，李兴辉，左亚彬，等. LA-（MC）-ICPMS 和（Nano）SIMS 硫化物微量元素和硫同位素原位分析与矿床形成的精细过程[J]. 岩石学报，2018，34（12）：3479-3496.

［6］ George L L，Cook N J，Crowe B B P，et al. Trace elements in hydrothermal chalcopyrite[J]. Mineralogical Magazine，2018，82（1）：59-88.

［7］ Bralia A G，Sabatini G，Troja F. A revaluation of the Co/Ni ratio in pyrite as geochemical tool in ore genesis problems[J]. Mineralium Deposita，1979，14（3）：353-374.

［8］ Brill B A. Trace-element contents and partitioning of elements in ore minerals from the CSA Cu-Pb-Zn deposit，Australia[J]. Canadian Mineralogist，1989，27：263-274.

［9］ 冷成彪. 滇西北红山铜多金属矿床的成因类型：黄铁矿和磁黄铁矿 LA-ICPMS 微量元素制约[J]. 地学前缘，2017，24（06）：162-175.

［10］严育通，李胜荣，贾宝剑，等. 中国不同成因类型金矿床的黄铁矿成分标型特征及统计分析[J]. 地学前缘，2012，19（4）：214-226.

［11］宋学信，张景凯. 中国各种成因黄铁矿的微量元素特征[J]. 中国地质科学院矿床地质研究所文集（18），1986：166-175.

［12］徐国风，邵洁涟. 黄铁矿的标型特征及其实际意义[J]. 地质论评，1980，26（6）：541-546.

［13］Fitzpatrick A J. The measurement of the Se/S ratios in sulphide minerals and their application to ore deposit studies[D]. Ontario：Queen's University，2008.

［14］Del Real I，Thompson J F H，Simon A C，et al. Geochemical and isotopic signature of pyrite as a proxy for fluid source and evolution in the candelaria-punta del cobre iron oxide copper-gold district，Chile[J]. Economic Geology，2020，115（7）：1493-1518.

［15］Augustin J，Gaboury D. Multi-stage and multi-sourced fluid and gold in the formation of orogenic gold deposits in the world-class Mana district of Burkina Faso － Revealed by LA-ICP-MS analysis of pyrites and arsenopyrites[J]. Ore Geology Reviews，2019，104：495-521.

［16］张乾. 利用方铅矿、闪锌矿的微量元素图解法区分铅锌矿床的成因类型[J]. 地质地球化学，1987（09）：64-66.

［17］陈殿芬. 我国一些铜镍硫化物矿床主要金属矿物的特征[J]. 岩石矿物学杂志，1995，14（04）：345-354.

［18］Mansur E T，Barnes S. The role of Te，As，Bi，Sn and Sb during the formation of platinum-group-element reef deposits：Examples from the Bushveld and Stillwater Complexes[J]. Geochimica et Cosmochimica Acta，2020，272：235-258.

［19］宋学信. 凡口矿床闪锌矿和方铅矿的微量元素及其比值———一个对比性研究[J]. 岩矿测试，1982，1（03）：37-44.

［20］冷成彪，齐有强. 闪锌矿与方铅矿的 LA-ICPMS 微量元素地球化学对江西冷水坑银铅锌矿田的成因制约[J]. 地质学报，2017，91（10）：2256-2272.

［21］Liu Y，Hu Z，Gao S，et al. In situ analysis of major and trace elements of anhydrous minerals by LA-ICP-

MS without applying an internal standard[J].Chemical Geology,2008,257(1-2):34-43.

[22]Seedorff E,Dilles J H,Proffett J M,et al. Porphyry deposits characteristics and origin of hypogene features[M],Economic Geologycooth 100th Anniversary,2005,251-298.

[23]Sillitoe R H. Porphyry copper systems[J]. Economic geology and the bulletin of the Society of Economic Geologists,2010,105(1):3-41.

[24]毛景文,罗茂澄,谢桂青,等.斑岩铜矿床的基本特征和研究勘查新进展[J].地质学报,2014,88(12):2153-2175.

[25]孙燕,刘建明,曾庆栋.斑岩型铜(钼)矿床和斑岩型钼(铜)矿床的形成机制探讨:流体演化及构造背景的影响[J].地学前缘,2012,19(06):179-193.

[26]杨志明,侯增谦,周利敏,等.中国斑岩铜矿床中的主要关键矿产[J].科学通报,2020,65(33):3653-3664.

[27]Huang X W,Beaudoin G. Textures and chemical compositions of magnetite from iron oxide copper-gold(IOCG)and kiruna-type iron oxide-apatite(IOA)deposits and their implications for ore genesis and magnetite classification schemes[J]. Economic Geology,2019,114(5):953-979.

[28]李萍.云南武定迤纳厂矿床主要矿物地球化学特征及矿床成因探讨[D].成都:成都理工大学,2015.

[29]苏治坤.康滇地区大红山IOCG矿床成矿作用:矿物微区地球化学及年代学的成因启示[Z].武汉:中国地质大学,2019.

[30]刘玄,范宏瑞,胡芳芳,等.沉积岩型层状铜矿床研究进展[J].地质论评,2015,61(1):45-63.

第六章　多技术联用在进口铜精矿产地溯源中的应用

1　XRF-XRD-PM联用技术在铜精矿产地溯源中的应用

1.1　研究现状

X射线荧光光谱、X射线衍射光谱、电子探针、显微镜观察等技术普遍应用于地质样品矿物特征和成因研究[1-8]。Seetha等[9]应用X射线光谱、显微镜、X射线衍射光谱对印度南部卡纳塔克邦遗址出土的考古器物进行分析，并结合聚类和因子分析方法进行分类和种源研究。Murat等[10]通过偏光显微镜、X射线衍射和扫描电镜，对土耳其安卡拉省地区石化木材的均质物质进行物理和矿物学特征相关的分类和识别。蒋晓光等[11]综述了利用X射线荧光光谱对硫化铜矿及其精矿的应用情况。吕新明等[12]运用X射线荧光光谱、X射线衍射光谱，对比铜矿和含铜物料的元素信息与物相信息，建立了铜矿和含铜物料的鉴别方法。宋义等[13]利用X射线荧光光谱、X射线衍射光谱、矿相显微镜和扫描电镜等多仪器联用的方法检测铜精矿、铜冶炼渣的物相差异。咸洋等[14]通过X射线荧光光谱、X射丝能谱和X射线粉晶衍射等对铜精矿及多种含铜废物进行化学成分和物相组成分析。

铜精矿的矿物学特征是开展铜精矿来源鉴定的重要支撑材料，X射线荧光光谱、X射线衍射光谱和偏光显微镜三者结合，可以综合反应不同矿区铜精矿元素含量、物相组成、矿物学组成特征及差异。通过采集不同产地进口铜精矿的矿物学特征，构建产地特征信息数据库，可为铜精矿原产地分析鉴定提供参考。

1.2　检测方法建立

1.2.1　偏光显微镜矿相鉴定

将岩石切割磨制成厚度约为0.03 mm黏在载玻片上，打开偏光显微镜电源开关，检查并确认照明系统完好，由弱到强逐步调节灯光亮度对岩石标本上的矿物，依据晶形、颜色、光泽、硬度等性质辨认出矿物种类，并进行记录，采用计数器或图像分析仪精确统计矿物含量（体积分数）。测试仪器为尼康Nikon LV100POL型，测量条件为500倍放大倍率。

1.2.2　X射线荧光光谱元素分析

铜精矿分析样于105 ℃下烘干4 h后，采用压片机压片，压制样品在2.94×10⁵N压力下维持 30~60 s，压制样品表面需均匀且无裂纹、脱落现象。测量仪器为德国布鲁克公司 S8 波长色散-X 射线荧光光谱仪，测量条件：工作电压 50 kV，工作电流 50 mA，测试条件为 Best-vas 28 mm，光谱仪环境为真空。

1.2.3　X 射线衍射物相鉴定

取适量铜精矿分析样均匀装入样品框中，用玻璃片把粉末压紧、压平至与样品框表面成一个平面。将试样片放入 X 射线衍射仪样品台上进行分析。测试仪器为德国布鲁克公司 D8 Focus X 射线衍射仪，测量条件：Cu Kα 线，采用连续扫描模式，工作电压为 40 kV，电流为 40 mA，扫描范围为 5°~75°，步长为 0.5(°)/步，扫描速度为 0.5 s/步。

1.2.4　铜精矿样品来源

采集上海口岸进口铜精矿样品，来自 8 个国家 12 个矿区共计 12 个样品，申报原产地分别为澳大利亚 Eloise，巴西 Sossego，厄立特里亚 Bisha，美国 Pinto Valley，墨西哥 Cananea，印度尼西亚 Grasberg，智利 Collahuasi、LosPelambres、Andina、Escondida，秘鲁 Antamina、Cerro Verde。

1.3　结果与讨论

1.3.1　偏光显微镜观察光片鉴定

通过偏光显微镜光片观察样品的矿物形貌，重点观察连生矿物特征。本次研究的 12 个铜精矿样品共观察到 11 种金属矿物，分别为黄铜矿（Chalcopyrite）、黄铁矿（Pyrite）、闪锌矿（Sphalerite）、斑铜矿（Bornite）、铜蓝（Covellite）、辉钼矿（Molybdenite）、磁黄铁矿（Pyrrhotite）、磁铁矿（Magnetite）、辉铜矿（Chalcocite）、砷黝铜矿（Tennantite）、硫砷铜矿（Enargite）。在铜精矿样品中，金属矿物中黄铜矿的含量在 88%~98% 之间，大部分样品由黄铜矿（主体）与黄铁矿（一般<5%）组成，含量超过 90%。铜精矿样品普遍出现但含量少的矿物是黄铁矿、闪锌矿，如表 6-1 所示，表中未标明具体百分含量的鉴定结果为微量。

表 6-1　铜精矿偏光显微镜观察光片鉴定结果

样品编号	国别	矿区	成矿类型	偏光显微镜观察光片鉴定结果
Cu-1	澳大利亚	Eloise	IOCG	黄铜矿 98%+磁黄铁矿 1%+黄铁矿+闪锌矿
Cu-2	巴西	Sossego	IOCG	黄铜矿 98%+黄铁矿+斑铜矿+铜蓝
Cu-3	厄立特里亚	Bisha	VMS	黄铜矿 97%+黄铁矿 2%+闪锌矿+铜蓝
Cu-4	印度尼西亚	Grasberg	斑岩型	黄铜矿 88%+斑铜矿 7%+黄铁矿 4%+闪锌矿+铜蓝+磁黄铁矿+辉钼矿
Cu-5	美国	Pinto Valley	斑岩型	黄铜矿 98%+黄铁矿 1%+铜蓝+磁铁矿+辉钼矿
Cu-6	墨西哥	Cananea	斑岩型	黄铜矿 95%+闪锌矿 2%+黄铁矿 1%+铜蓝 1% +辉钼矿+辉铜矿
Cu-7	智利	Collahuasi	斑岩型	黄铜矿 91%+黄铁矿 5%+斑铜矿 2%+铜蓝 1%+闪锌矿+辉钼矿+砷黝铜矿+硫砷铜矿

（续表）

样品编号	国别	矿区	成矿类型	偏光显微镜观察光片鉴定结果
Cu-8	智利	Escondida	斑岩型	黄铜矿88%+黄铁矿5%+斑铜矿3%+铜蓝3%+闪锌矿+磁铁矿+辉钼矿+砷黝铜矿
Cu-9	智利	Los Pelambres	斑岩型	黄铜矿93%+黄铁矿3%+斑铜矿2%+铜蓝1%+闪锌矿+辉钼矿+砷黝铜矿
Cu-10	智利	Andina	斑岩型	黄铜矿99%+黄铁矿+闪锌矿+斑铜矿+铜蓝+辉钼矿
Cu-11	秘鲁	Antamina	矽卡岩型	黄铜矿98%+闪锌矿1%+黄铁矿+斑铜矿+辉钼矿+辉铜矿+砷黝铜矿
Cu-12	秘鲁	Cerro Verde	斑岩型	黄铜矿97%+铜蓝1%+黄铁矿1%+闪锌矿+辉钼矿

用偏光显微镜鉴定不同产地的铜精矿样品，结果表明铜精矿样品的金属单体矿物含量为60%~98%，连生体矿物含量为2%~40%。单体和连生体的矿相图分别如图6-1和图6-2所示，矿相特征见表6-3。

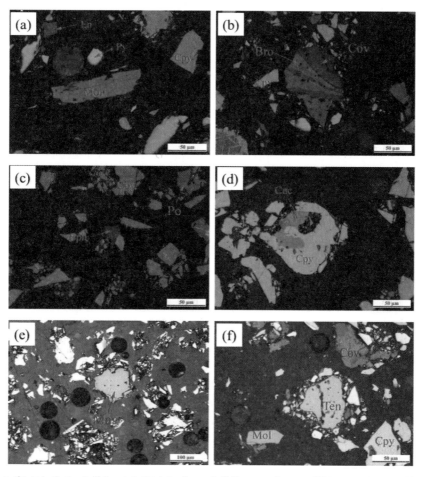

（a）和（b）为 Cu-7 样品；（c）和（d）为 Cu-1 样品；（e）为 Cu-5 样品；（f）为 Cu-8 样品。

图6-1　铜精矿单体矿物显微矿相图

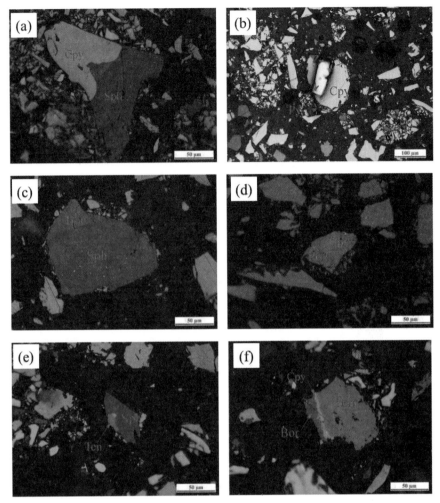

（a）为 Cu-3 样品；（b）和（c）为 Cu-11 样品；（d）为 Cu-1 样品；（e）为 Cu-8 样品；（f）为 Cu-7 样品。

图 6-2　铜精矿连生体矿物显微矿相图

表 6-2　偏光显微镜观察铜精矿矿相特征

矿相	特征
黄铜矿（Cpy）	按颗粒大小分为两群，其中颗粒粒度大的一群约 100 μm，粒度小的为 50 μm 左右，总体呈铜黄色，较高反射率，弱非均质性，中低硬度（小于钢针），易磨光，表面光滑
黄铁矿（Py）	颗粒粒度大的一群约 100 μm，呈浅黄色，高反射率和均质性，高硬度（大于钢针），常呈自形、半自形晶
辉钼矿（Mol）	呈灰白色，中等反射率，极显著的双反射和极强的非均质性（偏光色暗蓝和白色微带玫瑰紫色），低硬度，晶型常为弯曲的长板状和纤维状
铜蓝（Cov）	呈蓝色反射色，显著反射多色性（深蓝色微带紫色蓝白色），特强非均质性，特殊偏光色（45°位置为火红–棕红色）

（续表）

矿相	特征
斑铜矿（Bro）	颗粒粒度大的一群约 100 μm，有特殊的反射色（玫瑰色、棕粉红色、紫色），中硬度，均质性，磨光好，常与其他铜矿物共生
闪锌矿（Sph）	颗粒粒度大的一群约 100 μm，呈纯灰色，低反射率，均质性，中等硬度，常见棕红色或褐红色内反射，常见黄铜矿出溶
硫砷铜矿（En）	颗粒粒度大的一群约 100 μm，浅粉红灰白色，易磨光，呈柱状晶形或它形粒状，强非均质性
磁黄铁矿（Mo）	乳黄色微带玫瑰色，较高反射率，中硬度，强非均质性
辉铜矿（Cha）	呈白色微带浅蓝色中等反射率，弱非均质性，低硬度，常与其他铜矿物共生
磁铁矿（Mag）	灰白色微带浅棕色，中等反射率，均质性、高硬度，强磁性
砷黝铜矿（Ten）	以灰白色微带蓝绿色为特征，中等反射率，中等硬度，均质性

1.3.2 X射线荧光光谱分析铜精矿元素特征

采用波长色散-X射线荧光光谱无标样分析方法对12个不同产地铜精矿样品进行检测。共计检出33种元素，分别为O、Na、Mg、Al、Si、P、S、Cl、K、Ca、Ti、V、Cr、Mn、Fe、Ni、Cu、Zn、As、Se、Rb、Sr、Zr、Mo、Ag、Cd、Sb、Pb、Bi、Ba、Ho、Ce、Er，检出元素含量总和为89%～96%。其中：O、Cu、Fe、S 4个元素是12个样品中最主要的检出元素，含量总和为76%～88%；Zn、Si、Al、Mg、Ca、Pb元素含量基本都大于1%，但在12个样品中含量差异较大；其余元素含量均低于1%。

对12个不同产地铜精矿样品的主要检出元素做折线图（图6-3），从图中可以直观地看出，Cu、Fe、S元素含量均在18%～30%之间，O元素的含量在4%～20%之间，Al、Mg、Ca和Pb元素含量低于4%，Zn和Si元素含量低于8%。在所有样品中：O含量最低的为Cu-11样品；Cu含量最高的为Cu-9样品；Fe含量最高的为Cu-1样品；S含量最高的为Cu-3样品；Zn含量最高的为Cu-3样品；Si含量最高的为Cu-4样品；Al含量最高的为Cu-6样品；Mg含量最高的为Cu-2样品；Ca含量最低的为Cu-3样品未检出，最高的为Cu-11样品；Pb含量在Cu-1、Cu-2、Cu-7样品中未检出，含量最高的为Cu-3样品。

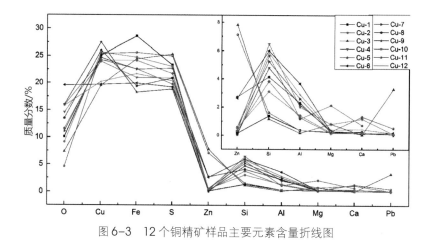

图6-3　12个铜精矿样品主要元素含量折线图

在对铜精矿的元素含量做单一比较后，对元素之间的含量比值进行比较，如表6-3所示。结果表明：所有样品的Cu/S含量比均在1附近；Cu/Fe含量比值大于1的样品来自智利、印度尼西亚、美国和巴西，小于1的样品有来自墨西哥、秘鲁、厄立特里亚和澳大利亚。Cu/Fe与Cu/S含量比值不同在一定程度上揭示了不同产地铜精矿的物相含量存在差异。比较了12种矿区铜精矿的酸碱性，结果表明，$(CaO+MgO)/(SiO_2+Al_2O_3)$含量比值范围为 0.02~0.43，均为酸性矿石[15]。

表6-3　样品中 Cu/Fe、Cu/S 及 $(CaO+MgO)/(SiO_2+Al_2O_3)$ 的含量比值

样品编号	国别	矿区	Cu/Fe	Cu/S	$(CaO+MgO)/$ $(SiO_2+Al_2O_3)$
Cu-1	澳大利亚	Eloise	0.87	1.23	0.155 1
Cu-2	巴西	Sossego	1.07	1.14	0.244 1
Cu-3	厄立特里亚	Bisha	0.80	0.96	0.400 7
Cu-4	秘鲁	Antamina	0.99	1.02	0.432 7
Cu-5	智利	Collahuasi	1.09	0.99	0.035 4
Cu-6	智利	Los Pelambres	1.50	0.97	0.029 1
Cu-7	智利	Andina	1.04	1.07	0.042 5
Cu-8	美国	Pinto Valley	1.00	1.11	0.040 0
Cu-9	墨西哥	Cananea	0.99	1.04	0.022 8
Cu-10	印度尼西亚	Grasberg	1.14	1.00	0.125 0
Cu-11	智利	Escondida	1.34	0.93	0.032 0
Cu-12	秘鲁	Cerro Verde	0.93	1.06	0.051 2

1.3.3　X 射线衍射分析铜精矿物相特征

X射线荧光光谱的检测结果能够表征铜精矿的元素组成，基于元素组成及含量信息，结合X射线衍射分析技术手段，可以进一步获得不同产地铜精矿的物相信息，明确各元素的赋存形态。对所有样品均进行X射线衍射分析，将原始数据进行平滑、扣除背底、衍射峰辨认、峰位确认，将样品衍射峰与标准卡片进行比较，鉴定各样品含有的物相组成，并寻找不同产地铜精矿的物相特征。各个样品的X射线衍射样品的衍射图如图6-4所示，物相分析结果见表6-4。

分析结果表明，铜精矿中的主要物相为黄铜矿（$CuFeS_2$）。此外，在斑岩型、矽卡岩型及火山成因块状硫化物型铜矿床样品中含黄铁矿（FeS_2）和闪锌矿（ZnS），不同产地的铜精矿还可能含有斑铜矿（Cu_5FeS_4）、磁黄铁矿（Fe_7S_8）、硫酸铅矿（$PbSO_4$）、滑石（$Mg_3(Si_2O_5)_2(OH)_2$）、黑云母（$K(Mg,Fe)_3(Si_3Al)O_{10}(OH)_2$）、勃姆石（$AlO(OH)$）和草酸钙石（$CaC_2O_4 \cdot 2H_2O$）等，这些可作为不同产地铜精矿的鉴别依据。

表 6-4 铜精矿 X 射线粉晶衍射物相分析结果

样品编号	国别	矿区	成矿类型	X 射线粉晶衍射谱图物相分析结果
Cu-1	澳大利亚	Eloise	IOCG	黄铜矿、石英、磁黄铁矿
Cu-2	巴西	Sossego	IOCG	黄铜矿、石英、滑石
Cu-3	厄立特里亚	Bisha	VMS	黄铜矿、黄铁矿、闪锌矿、滑石、硫酸铅矿
Cu-4	印度尼西亚	Grasberg	斑岩型	黄铜矿、黄铁矿、闪锌矿、石英、黑云母、斑铜矿
Cu-5	美国	Pinto Valley	斑岩型	黄铜矿、黄铁矿、闪锌矿、石英、勃姆石
Cu-6	墨西哥	Cananea	斑岩型	黄铜矿、黄铁矿、闪锌矿、石英、黑云母、勃姆石
Cu-7	智利	Collahuasi	斑岩型	黄铜矿、黄铁矿、闪锌矿、石英、黑云母、勃姆石、斑铜矿
Cu-8	智利	Escondida	斑岩型	黄铜矿、黄铁矿、闪锌矿、石英、黑云母、勃姆石
Cu-9	智利	Los Pelambres	斑岩型	黄铜矿、黄铁矿、闪锌矿、石英、黑云母
Cu-10	智利	Andina	斑岩型	黄铜矿、黄铁矿、闪锌矿、石英、黑云母
Cu-11	秘鲁	Antamina	矽卡岩型	黄铜矿、闪锌矿、黄铁矿、草酸钙石
Cu-12	秘鲁	Cerro Verde	斑岩型	黄铜矿、黄铁矿、闪锌矿、石英、黑云母

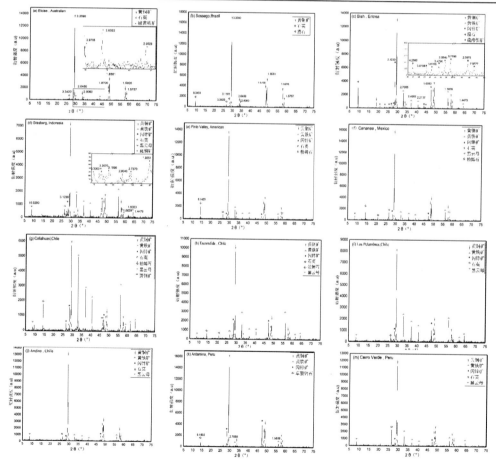

（a）Cu-1；（b）Cu-2；（c）Cu-3；（d）Cu-4；（e）Cu-5；（f）Cu-6；（g）Cu-7；（h）Cu-8；
（i）Cu-9；（j）Cu-10；（k）Cu-11；（m）Cu-12。

图 6-4 X 射线衍射图

1.3.4 不同成因类型铜精矿样品的特征

在分析 12 类不同产地铜精矿矿物学特征的基础上,尝试从显微镜观察、X 射线荧光光谱和 X 射线粉晶衍射分析结果总结不同成因类型铜精矿的共性特征,以便用于进口铜精矿申报信息的符合性验证。此次研究分析的铜矿样品 8 件为斑岩型,1 件为矽卡岩型,2 件为铁氧化物铜金型,1 件为火山成因块状硫化物型。虽然样本数量相对有限,但主要目的是为 12 类不同产地铜精矿的符合性验证提供参考依据。样品的特征元素含量及特征矿物学信息如表 6-5 所示。

从表 6-5 中可知,本次研究的斑岩型、矽卡岩型、铁氧化物铜金型和火山成因块状硫化物型 4 种不同成因铜精矿样品均以黄铜矿为主要矿物成分,常见的其他金属矿物有黄铁矿和闪锌矿。4 种不同成因铜精矿样品的特征物相分别为黑云母、草酸钙石、磁黄铁矿、滑石及硫酸铅矿,特征矿相分别为斑铜矿、辉钼矿、铜蓝。

斑岩型铜矿床[16] 样品比其他成矿类型的铜精矿样品中的 Si 和 Al 含量高,X 射线粉晶衍射物相中常见石英和黑云母等脉石矿物,偏光显微镜观察光片鉴定结果表明该类铜精矿样品中常见辉钼矿。矽卡岩型铜矿[17] 样品 Ca 含量为 1.34%,Mg 含量为 0.274%,符合该类矿床的性质。铁氧化物铜金型矿床[18-20] 的样品有 Cu-1 和 Cu-2,其中 Cu-1 样品 X 射线粉晶衍射谱图有微量的磁黄铁矿和石英,Cu-2 样品的铜精矿样品中的 Mg、Al、Si 分别为 2.13%、1.18%、5.66%,在 X 射线粉晶衍射物相分析中主要表现为滑石和石英的衍射峰。火山成因块状硫化物型铜矿床[21] 样品中的 Pb 含量较其他铜精矿样品高,在 X 射线粉晶衍射物相分析中体现为硫酸铅矿。

表 6-5 不同成矿类型铜精矿样品的元素及矿物学特征

成矿类型	样品编号	XRF		XRD	PM	XRD 结合 PM 分析
		特征元素含量		特征物相	特征矿相	共性特征
斑岩型	Cu-4、Cu-5、Cu-6、Cu-7、Cu-8、Cu-9、Cu-10、Cu-12	Si	3%~6%	黑云母	斑铜矿、辉钼矿	主要为黄铜矿,常见黄铁矿和闪锌矿
矽卡岩型		Al	1%~3%			
IOCG		Ca	1.34%	草酸钙石	铜蓝、辉钼矿	
		Mg	0.274%			
VMS	Cu-11	Mg	0.23%	磁黄铁矿	磁黄铁矿	
		Al	0.37%			
	Cu-1	Si	1.37%			
	Cu-2	Mg	2.13%	滑石	斑铜矿、铜蓝	
		Al	1.18			
	Cu-3	Si	5.66%			
		Pb	3.29%	硫酸铅矿	铜蓝	

1.4 小结

采用 X 射线荧光光谱、X 射线衍射和偏光显微镜观察联用技术对 12 个不同产地铜精矿样品进行综合分析。X 射线荧光光谱无标样分析表明,铜精矿中的主要元素为 O、Cu、Fe、S,普遍含有 Zn、Si、Al、Mg、Ca、Pb,检出元素共计 33 种,研究样品酸碱度为 0.02~0.5，属于酸性矿石。X 射线衍射物相分析表明，黄铜矿是主要物相，其次可能含有黄铁矿、闪锌矿、斑铜矿、硫酸铅矿、磁黄铁矿、石英、黑云母、滑石等物相。用偏光显微镜观察光片鉴定含有黄铜矿、黄铁矿、闪锌矿、斑铜矿、铜蓝、辉钼矿、磁黄铁矿、磁铁矿、辉铜矿、砷黝铜矿、硫砷铜矿 11 种金属矿物，其中黄铜矿的含量占 88%~98%，大部分样品由黄铜矿（主体）与黄铁矿（一般<5%）组成。此外，观察到黄铜矿与闪锌矿、黄铁矿、磁黄铁矿共生，闪锌矿与斑铜矿、砷黝铜矿共生，黄铜矿、砷黝铜矿和斑铜矿共生等连生体矿相。

X 射线衍射和偏光显微镜观察光片鉴定表明：铜精矿的主要物相为黄铜矿，其次常见的金属矿物为黄铁矿和闪锌矿；结合不同矿床的成因类型可知，斑岩型和矽卡岩型铜矿床样品中常见黄铜矿、黄铁矿、闪锌矿、辉钼矿，斑岩型铜矿床样品中常见黑云母；铁氧化物铜金矿床样品和火山成因块状硫化型铜矿床样品矿物组合简单，主要矿物为黄铜矿。

本节借助 X 射线荧光光谱、X 射线衍射和偏光显微镜观察联用技术手段，对 12 种不同产地铜精矿的元素组成、物相分析和矿物组成进行表征，探讨不同产地铜精矿的矿物学特征，为铜精矿原产地分析及固体废物属性鉴定提供了参考借鉴作用。今后可以进一步拓宽研究范围，丰富铜精矿样品的国别、矿区来源及矿物学信息，建立全面的铜精矿矿物学信息数据库，利用机器学习、深度学习等手段挖掘不同产地铜精矿的矿物学特征信息，实现铜精矿原产地的智能判别，有利于提高进口铜精矿的风险防控效能。

2 PM-激光原位分析联用技术在铜精矿产地溯源中的应用

2.1 研究现状

早在 20 世纪 80 年代，偏光显微镜（PM）就被用来判断矿床成因[22]，同时，与电子探针等原位分析技术的联用建立了一些判断矿床成因的图解[23-27]。进入 21 世纪以来，随着原位分析测试技术的发展，偏显微镜结合激光原位分析为许多有争议的矿床提供了新的支撑证据，比如任云生和刘连登[28]对安徽铜陵热液胶状黄铁矿的研究。

偏光显微镜和激光原位分析常被联用来分析同一矿床不同阶段的样品，在研究其矿床成因的同时，一并研究具体的成矿过程[29-31]。目前许多学者意识到矿物结构对矿物的微量元素具有较大的影响，比如磁铁矿中钛铁矿的出溶等会影响到磁铁矿的微量元素[32-33]，而不同的硫化物共生也会对微量元素的含量产生有一定的影响[34]，矿物的微量元素还受成矿流体成分的影响[35-39]。

最新研究表明，PM-激光原位分析联用能对矿产品产地进行有效地溯源。Machault 等[40]利用矿物组合、矿物结构、矿物生成顺序以及微量元素分布等手段对两个成矿省的矿床进行溯源研究，同时指出这种溯源工作存在的困难，比如很难获取最具代表性的矿床样品，以及执行统计分析的个体数量等。

2.2　检测方法

本次研究采用的偏光显微镜主要是尼康/奥林巴斯透反射两用偏光显微镜，首先，对矿物反射色、反射率、硬度、均质性以及内反射进行观察，通过与矿物鉴定特征（表6-2）进行比对，鉴定该类矿物；其次，使用面积法/线段法对矿物含量进行估计，同时对典型结构及其矿物组合进行详细的记录（含拍照）；最后，通过矿物之间的交代、穿插、包裹以及固溶体出溶等结构判断该矿床（区）金属矿物的生成顺序。

因黄铁矿和闪锌矿等并不是每个铜精矿样品均有，所以本次激光原位微量元素分析主要研究的是黄铜矿。通过偏光显微镜观察选出连生且颗粒较大的黄铜矿，在矿相片子上圈出待测的颗粒然后再进行激光原位分析，因采用无内标校正方法比较省时省力，检测时尽可能选择较多的元素，硫化物样品建议选取主、微量元素从 ^{23}Na 至 ^{238}U 共 43 个，包括 ^{25}Mg、^{27}Al、^{29}Si、^{34}S、^{39}K、^{42}Ca、^{45}Sc、^{47}Ti、^{51}V、^{53}Cr、^{55}Mn、^{57}Fe、^{59}Co、^{60}Ni、^{65}Cu、^{66}Zn、^{71}Ga、^{72}Ge、^{75}As、^{77}Se、^{85}Rb、^{88}Sr、^{89}Y、^{93}Nb、^{95}Mo、^{107}Ag、^{111}Cd、^{115}In、^{118}Sn、^{121}Sb、^{125}Te、^{137}Ba、^{178}Hf、^{182}W、^{185}Re、^{189}Os、^{197}Au、^{201}Hg、^{205}Tl、$^{Total}Pb$、^{209}Bi。试验具体过程及仪器状态等见文献[41]，数据离线处理采用 ICPMSDataCal 软件完成[42]。

2.3　PM 及激光原位分析结果

本次研究 12 个国家 26 个典型铜精矿样品，共观察到 16 种金属矿物，分别为黄铜矿（Chalcopyrite）、黄铁矿（Pyrite）、闪锌矿（Sphalerite）、斑铜矿（Bornite）、铜蓝（Covellite）、辉钼矿（Molybdenite）、磁黄铁矿（Pyrrhotite）、磁铁矿（Magnetite）、辉铜矿（Chalcocite）、砷黝铜矿（Tennantite）、硫砷铜矿（Enargite）、赤铜矿（Cuprite）、黑铜矿（Tenorite）、金红石（Rutile）、镍黄铁矿（pentlandite）和自然铜（Copper）等。在铜精矿样品中，金属矿物中黄铜矿的含量在 80%~99% 之间，大部分样品由黄铜矿（主体）与黄铁矿（一般<5%）组成，含量超过 80%，其中 7 个样品由黄铜矿和斑铜矿或磁黄铁矿组成。铜精矿样品普遍出现但含量少的矿物是黄铁矿、闪锌矿，如表6-6所示，表中未标明具体百分含量的鉴定结果为微量。

矿石结构中常见黄铜矿包裹黄铁矿，铜蓝交代其他铜矿物，而黄铜矿与闪锌矿连生（交代或出溶结构）等也比较常见，而斑铜矿或磁黄铁矿与黄铜矿共生等现象比较少见，详见表6-7。

除了 Na、K、Mn、Pb、Ni、Ga、Ge、As、Se 和 Mo 等元素含量，大部分微量元素含量在国家或成因类型上并没有明显的区别（详见第五章），且微量元素之间变化较大，所以此处把研究数据取平均值统计如表6-8所示，样品编号等与表6-6以及表6-7一致。

表 6-6　不同成因铜精矿矿物含量结果表

类型	国家	矿床（区）	编号	矿物组合（片子）
IOCG	Australia	Mim	Cu-18	Cpy88%+Sph4%+Py3%+Cov3%+Bor1%+Po1%+Mol+Ten+Mag
		Eloise	Cu-19	Cpy98%+Po1%+Sph+Py+Mag
	Brazil	Antas	North Cu-26	Cpy94%+Py%+Sph2%+Bor1%+Cha+Po+Mag
		Sossego	Cu-27	Cpy99%+Py+Cov+Bor+Po+Mag
		Salobo	Cu-68-1	Cpy80%+Py10%+Bor3%+Sph2%+Cov2%+Mol+Ten
	Peru	Condestable	Cu-05	Cpy97%+Sph1%+Cov1%+Py+Ten+Mol+Po+Mag+Cpr+Tnr
MSD	Australia	Nova	Cu-66-1	Cpy90%+Po5%+Mol3%+Py1%+Sph
	China	Xiarihamu	X11-2	Cpy50%+Po30%+Pn15%+Mag5%
PCD	Chile	Escondida	Cu-13	Cpy88%+Py5%+Cov3%+Bor3%+Sph+Mag+Mol+Ten
		Los Pelambres	Cu-14	Cpy93%+Py3%+Bor2%+Cov1%+Ten+Sph+Mol
	Indonesia	Grasberg	Cu-30	Cpy88%+Py4%+Bor7%+Sph+Cov+Mol+Po
	Mexico	Cananea	Cu-23	Cpy95%+Spy2%+Py1%+Cov1%+Mol+Cha
	Myanmar	Choushui	Cu-41	Py50%+Cpy20%+Tnr/Cpr20%+Sph7%+Mag+Hem+Cov+Cp
	Peru	Antamina	Cu-06	Cpy98%+Sph1%+Bor+Mol+Py+Ten+Cha
		Las Bambas	Cu-07	Cpy48%+Bor48%+Cov1%+Ten+Cha+Mol+Py+Mag
		Toromocho	Cu-09	Cpy87%+Py8%+Cov2%+Sph1%+Cha1%+Ten+Bor+Gn+Po
		Cerro Verde	Cu-10	Cpy97%+Py1%+Cov-1%+Sph+Mol
	Laos	Phu Kham	Cu-28	Cpy94%+Py4%+Ten2%+Cov+Tet+Bor+Cha
	USA	Sierrita	Cu-24	Cpy99%+Py+Sph+Cov+Mol
Sedex	Australia	Kanmantoo	Cu-50-1	Cpy80%+Po12%+Mag5%+Py1%+Cov+Sph+Cpr+Tnr
SSC	Congo	Kinsenda	Cu-51-3	Bor30%+Cpy30%+Cha20%+Cov13%+Sph+Po+Rt
	China	Tangdan	TD-2	Cpy55%+Bor42%+Py1%+Cov1%+Cha+Sph
VMS	Australia	Tritton	Cu-21	Cpy92%+Py5%+Sph2%+Cov1%
		Cobar	Cu-22	Cpy98%+Po1%+Sph+Apy
	Eritrea	Bisha	Cu-29	Cpy97%+Py2%+Sph+Cov
	Mexico	Buenavista	Cu-42	Cpy60%+Py30%+Sph6%+Cov2%+Mol+Ten+Gn

表 6-7　不同成因铜精矿矿物结构统计表

类型	国家	矿物连生关系
IOCG	Australia	黄铜矿与磁黄铁矿、闪锌矿中有滴状黄铜矿，闪锌矿包裹黄铜矿，铜蓝交代斑铜矿
	Brazil	黄铜可包裹黄铁矿，斑铜矿和黄铜矿共生，辉铜矿交代黄铜矿，闪锌矿和黄铜矿共生，闪锌矿交代黄铜矿，闪锌矿中出溶乳浊状黄铜矿，铜蓝交代斑铜矿、辉铜矿
	Peru	连生矿物极少，闪锌矿被砷黝铜矿交代，磁黄铁矿与黄铜矿连生
MSD	Australia	黄铜矿交代磁黄铁矿和黄铁矿，闪锌矿交代黄铜矿，黄铁矿和磁黄铁矿共生
	China	磁黄铁矿、磁黄铁矿、镍黄铁矿共生，磁铁矿脉穿插黄铜矿、磁黄铁矿连生体
PCD	Chile	黄铜矿包裹黄铁矿，斑铜矿与黄铜矿连生，闪锌矿出溶黄铜矿，黄铜矿与斑铜矿交代黄铁矿，铜蓝交代黄铜矿、斑铜矿与砷黝铜矿
	Indonesia	斑铜矿与黄铜矿共生，铜蓝交代斑铜矿，黄铁矿熔蚀边，黄铜矿充填黄铁矿，闪锌矿出溶黄铜矿
	Mexico	斑铜矿交代辉铜矿，黄铜矿和闪锌矿固溶体
	Myanmar	磁铁矿出溶或交代赤铁矿，自然铜被黑铜矿或赤铜矿交代，铜蓝交代黄铜矿或沿着黄铁矿裂隙充填，闪锌矿出溶黄铜矿
	Peru	黄铜矿包裹自形黄铁矿，斑铜矿与闪锌矿连生，黄铜矿与斑铜矿连生，黄铜矿与砷黝铜矿连生，闪锌矿与黄铜矿连生，辉铜矿、闪锌矿、黄铜矿共生，闪锌矿出溶黄铜矿，砷黝铜矿与黄铜矿连生，铜蓝交代黄铜矿、斑铜矿
	Laos	砷黝铜矿包裹黄铜矿，黝铜矿交待砷黝铜矿，砷黝铜矿出溶黄铜矿。铜蓝交代斑铜矿、黄铜矿。
	USA	矿物几乎全部为单体
Sedex	Australia	磁黄铁矿、闪锌矿与黄铜矿连生，黄铜矿包裹闪锌矿，黄铜矿包裹磁黄铁矿
SSC	Congo	斑铜矿包裹、交代黄铜矿，斑铜出溶黄铜，铜蓝交代斑铜、辉铜矿
	China	黄铜可包裹黄铁矿，斑铜矿和黄铜矿共生，铜蓝交代斑铜矿和黄铜矿
VMS	Australia	黄铜矿包裹黄铁矿，磁黄铁矿、黄铜矿与闪锌矿连生，黄铜矿被闪锌矿交代，闪锌矿出溶黄铜矿
	Eritrea	连生矿物较少，黄铜矿包裹黄铁矿，黄铜矿与闪锌矿连生，闪锌矿交代黄铜矿之后又被铜蓝交代
	Mexico	黄铜矿包裹或交代黄铁矿，闪锌矿交代黄铁矿，闪锌矿出溶黄铜矿，砷黝铜矿交代或出溶黄铜矿，铜蓝交代黝铜矿以及斑铜矿

※样品编号与矿床名称见表 6-6。

表 6-8A 黄铜矿微量元素平均值统计表（Na-Mn，10^{-6}）

类型	国家	编号	矿床（区）	样品数	Na 23	Mg 25	K 39	Mn 55
IOCG	Australia	Cu-18	Mim	4	7.8	7.6	5.2	0.3
	Australia	Cu-19	Eloise	5	14.9	42.8	57.2	2.7
	Brazil	Cu-26	Antas North	5	19.1	13.9	3.9	9.1
	Brazil	Cu-27	Sossego	5	25.0	109.4	42.8	3.0
	Brazil	Cu-68-1	Salobo	4	17.2	27.4	44.5	7.1
	Peru	Cu-05	Condestable	4	42.4	1 184.7	268.6	48.7
MSD	Australia	Cu-66-1	Nova	5	10.8	153.6	45.7	12.3
	China	X11-2	Xiarihamu	5	71.6	2 429.8	27.1	333.8
PCD	Chile	Cu-13	Escondida	4	159.0	198.0	1 121.2	14.3
	Chile	Cu-14	Los Pelambres	5	864.5	608.6	1 693.7	18.5
	Indonesia	Cu-30	Grasberg	6	360.9	1 359.1	1 212.7	123.7
	Mexico	Cu-23	Cananea	5	1 133.9	896.3	3 050.1	34.0
	Myanmar	Cu-41	Choushui	5	50.8	1787.5	159.7	419.6
	Peru	Cu-06	Antamina	5	34.7	242.5	135.9	103.8
	Peru	Cu-07	Las Bambas	5	26.6	77.6	28.6	3.3
	Peru	Cu-09	Toromocho	4	13.8	531.1	19.5	5.1
	Peru	Cu-10	Cerro Verde	5	19.8	35.8	48.1	6.4
	Laos	Cu-28	Phu Kham	5	54.1	65.4	211.0	7.3
	USA	Cu-24	Sierrita	5	69.1	55.2	127.3	2.8
Sedex	Australia	Cu-50-1	Kanmantoo	3	4.0	0.2	1.6	2.7
SSC	China	TD-2	Tangdan	4	6.1	170.3	239.3	4.8
	Congo	Cu-51-3	Kinsenda	3	133.9	592.3	5 713.7	19.8
VMS	Australia	Cu-21	Tritton	6	8.6	3.3	7.4	0.5
	Australia	Cu-22	Cobar	7	6.2	180.3	53.7	6.6
	Eritrea	Cu-29	Bisha	4	12.8	7.8	10.9	5.3
	Mexico	Cu-42	Buenavista	5	41.4	14.3	84.1	19.0

表 6-8B 黄铜矿微量元素平均值统计表（Co-Pb，10^{-6}）

矿床（区）	Co 59	Ni60	Ga 71	Ge 72	As75	Se77	Mo95	Pb（Total）
Mim	2.8	0.2	0.1	1.3	8.0	64.4	0.2	5.4
Eloise	4.6	37.1	0.3	0.6	8.6	15.8	0.2	21.8
Antas North	3.7	48.4	0.2	0.7	1.5	52.4	0.0	21.6
Sossego	0.6	10.4	0.2	0.9	1.3	28.1	1.2	4.1
Salobo	8.4	4.0	16.8	8.2	9.3	27.5	3.4	104.9
Condestable	1.4	0.9	2.1	1.6	60.1	12.9	0.5	120.1
Nova	6.6	320.4	0.2	2.6	3.6	40.2	2.2	16.6
Xiarihamu	62.2	2 367.0	0.0	2.4	7.3	33.8	0.1	30.5
Escondida	7.2	0.6	1.3	2.4	452.9	102.9	4.2	187.6
Los Pelambres	12.0	1.9	1.3	2.3	157.8	150.9	142.4	149.7
Grasberg	29.4	1.9	2.2	2.7	17.6	319.7	11.4	507.3

矿床（区）	Co 59	Ni60	Ga 71	Ge 72	As75	Se77	Mo95	Pb（Total）
Cananea	51.0	13.3	3.2	74.0	4 798.9	66.1	6.6	147.9
Choushui	12.9	6.5	1.0	1.8	57.8	13.0	5.8	18 682.2
Antamina	17.6	2.4	0.7	1.0	17.0	43.2	255.0	491.6
Las Bambas	1.4	0.2	0.4	1.3	8.6	93.1	8.6	9.5
Toromocho	0.9	0.1	7.1	1.0	52.6	36.8	0.5	40.0
Cerro Verde	0.5	0.3	0.3	1.2	38.7	35.3	0.6	51.7
Phu Kham	0.7	1.0	0.9	2.2	2 997.1	75.6	4.6	188.5
Sierrita	1.4	0.7	1.3	0.8	8.1	41.7	173.9	74.9
Kanmantoo	6.7	1.2	0.2	2.0	3.2	17.2	0.0	0.8
Tangdan	3.2	0.6	1.4	55.0	1.7	12.6	0.3	5.9
Kinsenda	11.9	1.4	3.2	2.0	0.8	12.0	1.6	24.2
Tritton	6.8	0.6	0.4	1.4	2.1	111.7	0.1	9.8
Cobar	5.1	11.8	0.4	1.0	2.1	96.1	0.1	47.3
Bisha	0.1	0.1	23.5	28.7	16.7	29.1	0.0	120.3
Buenavista	1.8	11.7	0.6	2.2	16.3	58.4	4.1	153.6

2.4 讨论

2.4.1 矿石组合对矿床成因的指示

矿石结构构造及其金属矿物组合对矿床成因具有较强的指示作用[22,40,43,44]，但是大部分矿床的样品具有相似的矿物结构和矿物组合[44-45]。本次研究中发现大多数矿床均含有黄铜矿和铜蓝的矿物组合，也常有黄铁矿被黄铜矿包裹以及铜蓝交代黄铜矿等结构（图 6-5）。

黄铜矿是铜精矿中主要的矿石矿物，也是铜主要的寄主矿物，所以含有较多的黄铜矿不足为奇；同时铜蓝是含铜硫化物矿床次生富集带中最为常见的一种矿物[46-47]，那么铜蓝较为常见也比较合理。在铜矿床中，大多数硫化物矿床在形成后会经历后期次生改造，比如斑岩-矽卡岩-浅成低温热液型（斑岩成矿系统）因成矿深度较浅，在后期构造抬升中普遍会经历次生富集作用[45-50]，而砂页岩型铜矿（SSC）和喷流沉积型矿床（Sedex）因成矿时间较早而后期的改造（包括次生富集）也较为普遍[51-56]。本次研究发现斑岩-矽卡岩型（PCD）矿床中含有自然铜时，自然铜常与黑铜矿和赤铜矿等共生，且是黑铜矿和赤铜矿交代自然铜的结构（图 6-6A），这说明自然铜经过氧化形成赤铜矿或黑铜矿，这也表明该矿床经历明显的次生富集[57-58]。此外，在来自发现自然铜的样品中，还观察到铁的氧化物（图 6-6B），刚果（金）的 SSC 矿床（Cu51-3）中发现铁的氧化物（图 6-6D），这也说明矿床经历过次生富集的阶段。

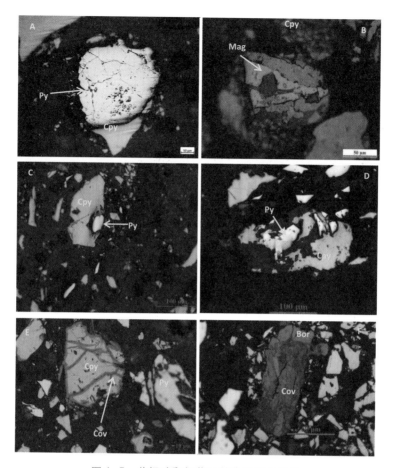

图 6-5　黄铜矿和铜蓝及其典型结构照片

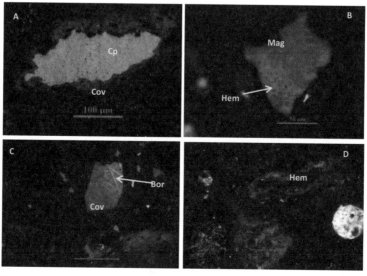

A-B 来自 PCD 型（Cu-41），C-D 来自 SSC 型（Cu-51-3）。矿物缩写：Cp-自然铜，Hem-赤铁矿，其余同上。

图 6-6　氧化带矿石典型结构照片

A-D 为黄铜矿包裹或交代黄铁矿，其中：A 来自 Sedex 型（Cu-50-1），B 来自 VMS 型（Cu-29），C 来自 IOCG 型（Cu-19），D 来自 PCD 型（Cu-41）；E 和 F 分别为铜蓝交代黄矿和斑铜矿，E 来自 PCD 型（Cu-10），F 来自 VMS 型（Cu-42）。矿物缩写：Bor-斑铜矿，Cov-铜蓝，Cpy-黄铜矿，Py-黄铁矿。

除了这些在大多数矿床均常见或不具有指示性的矿物组合和矿物结构，本次研究还发现一些可以指示矿床成因或矿床产地的矿物组合和矿物结构。澳大利亚和巴西的铜精矿样品常同时含有磁铁矿和磁黄铁矿，同时常见黄铜矿和磁黄铁矿共生（图 6-7A、图 6-8F），而来自斑岩成矿系统的铜精矿则具含有较多的斑铜矿（图 6-7B、C），来自岩浆铜镍硫化物型的铜精矿样品则会出现镍黄铁矿及其与黄铜矿、磁黄铁矿连生的结构（图 6-9C、D）。

澳大利亚和巴西铜精矿这种矿相特征与这些样品主要来自 IOCG 型矿床有密切联系。IOCG 类矿床以含大量的铁氧化物为特征[59-62]，而 Sedex 型和 VMS 型可含较多磁黄铁矿和磁铁矿[63-66]，所以这个特征在一定程度上能对巴西和澳大利亚的铜精矿样品进行溯源。但是需要注意的是，来自氧化带的矿石也常具有铁的氧化物，只是这种原生的磁铁矿/赤铁矿与氧化带形成的磁铁矿/赤铁矿有明显的差别，常具有自形结构，有时见固溶体出溶以及能见与黄铜矿连生（图 6-6B，图 6-8A），而次生形成的常为赤铁矿（磁铁矿少），且赤铁矿常呈他形的单体（图 6-6D）。此外，IOCG 型和来自澳大利亚 Kanmantoo 矿床（区）的 Cu-50-1（Sedex 型）常见 Po 与 Cpy 连生的结构（图 6-8F），这种结构反映磁黄铁矿和黄铜矿大致同时生成，而不像其他矿床在早期或晚期出现，同时来自该矿区磁铁矿颗粒粗大，大于 100 μm（图 6-8F），这也是一种辅助判断铜精矿产地的特征。

斑铜矿含量较高的样品均来自斑岩-矽卡岩型矿床以及砂页岩型铜矿床（图 6-7B），而来自 IOCG 类的矿床则含量较低，来自 VMS 型、MSD 和 Sedex 型则未见，这种含量特征与这些矿床中斑铜矿并不常见有关（详见第五章），而斑岩型和砂页岩型矿床中常含有斑铜矿[67]。其中：斑岩型铜矿中斑铜矿含量变化较大，有的甚至以斑铜矿为主，比如中国的甲玛矿床[68]，与图 6-9A 中来自秘鲁的铜精矿样品相似，黄铜矿与斑铜矿大致各占一半的含量；砂页岩型铜矿中斑铜矿含量向来较高[69-70]，此次为对比分析搜集起来的中国东川矿集区汤丹矿床的样品，其斑铜矿含量与来自刚果（金）的大致一致，均较高，在 10% 以上。

此外，虽说目前 MSD 型铜精矿样品仅一个，但是其也有特征的黄铜矿、镍黄铁矿和磁黄铁矿共生的结构（图 6-9C），这与该类型矿床特征一致[45,71]，所以铜精矿样品中的这种特征依旧可以用于指示矿床类型，从而达到溯源的效果。

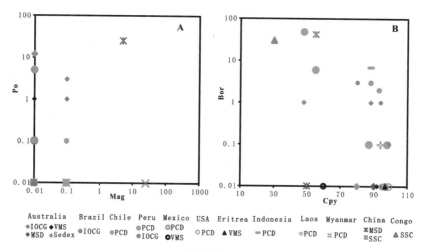

图 6-7　矿物结构/含量统计图

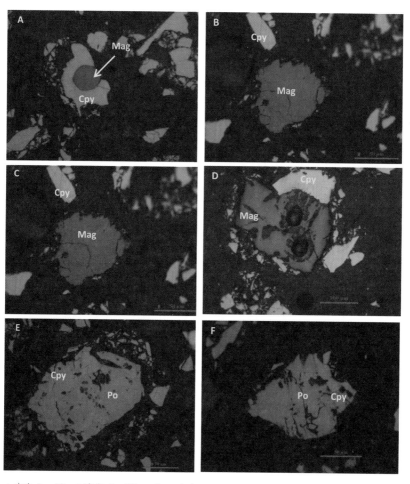

A 来自 Cu-19，B 来自 Cu-20，C 和 E 来自 Cu-27，而 D 和 F 来自 Cu-50（sedex 型）。。

矿物缩写：Cp-自然铜，Hem-赤铁矿，其余同上。

图 6-8　磁铁矿和磁黄铁矿典型结构照片

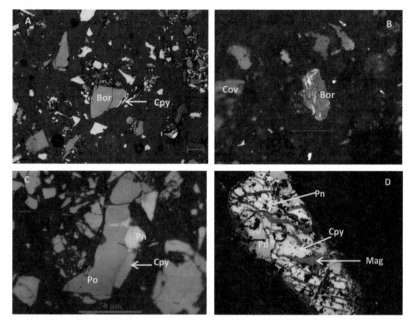

A 来自 Cu07-1（PCD 型），B 来自 Cu51-3（SSC 型），C 来自 Cu-66（MSD 型），
D 来自 X11-2（MSD 型）。矿物缩写：Pn-镍黄铁矿，其余同上。

图 6-9 斑铜矿及其镍黄铁矿典型矿相照片

2.4.2 黄铜矿微量元素对矿床成因的指示

硫化物的微量元素特征对矿床的成因类型具有一定的指示作用，尽管大多数微量元素并不具有明显的差异，但 Na、K、Mn、Pb、Co、Ni、As、Mo 等元素有在矿床成因类型甚至国家之间具有较为明显的差别（图 6-10）。

如图 6-10A 所示，澳大利亚的铜精矿样品黄铜矿具有较低的 Na 元素含量，同时具有较低的 K 元素含量，这可以作为溯源的重要指标，但是这种特征所代表的地质学意义目前还不太清楚，而 Co、Ni 等元素的差别（图 6-10B）可能与基性岩浆作用有关[36,72]。来自澳大利亚的铜精矿样品具有较低的 Mn、Zn、Pb、As 元素含量，其中 Pb、Zn、As（图 6-10C、D、E）等属于低温矿床元素组合，所以这种差异可能与 IOCG 型和 MSD 型矿床成矿流体温度较高有关，但是与流体成分应该也有密切的相关。SSC 型也具有较低的 Pb、Zn、As 元素组合，这可能与流体成分关更为相关，因为 SSC 型矿床 Pb、Zn 硫化物较少[73]。

2.5 小结

通过对 12 个国家 26 个典型铜精矿样品进行详细的偏光显微镜观察发现，铜精矿样品中黄铜矿、铜蓝、黄铁矿和闪锌矿等非常普遍，而斑铜矿、磁黄铁矿、磁铁矿等比较常见，且在一定程度上可以指示矿床成因类型，并可依此对铜精矿产地进行溯源。来自智利和墨西哥的 PCD 型铜矿具有较高的斑铜矿含量，而来自巴西和澳大利亚的铜精矿样品同时含有磁铁矿和磁黄铁矿，来自澳大利亚 Nova 矿床（区）的样品为 MSD型，其含有更少见的镍黄铁矿，这些矿物组合可有效地对这些国家的铜精矿样品进行溯源。此外，在澳大利亚 Nova 矿床的铜精矿样品中发现镍黄铁矿、磁黄铁矿和黄铜矿共生的结构，直接指示该样品来自于 MSD 型，而磁黄铁矿和黄铜矿共生的结构在 IOCG 类矿床比较常见，可以结合这类矿床常见磁铁矿等特征对铜精矿进行溯源。

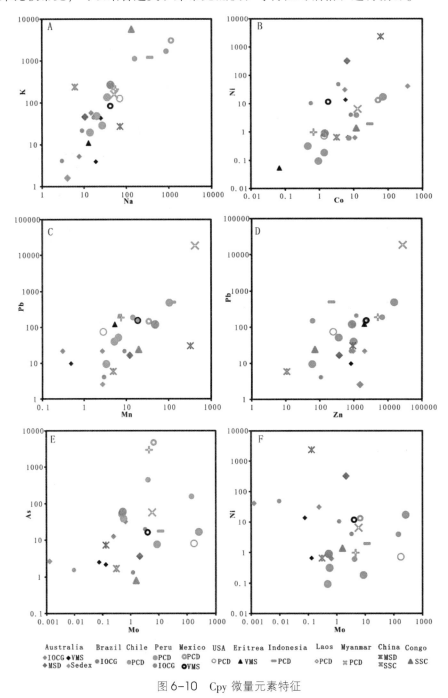

图 6-10 Cpy 微量元素特征

黄铜矿微量元素上，相比智利和秘鲁，来自澳大利亚、巴西以及刚果（金）的铜精矿样品黄铜矿 Na、K、As、Pb、Zn 等元素含量较低，而 Ni 元素含量较高，也可以作为重要的溯源指标。但是目前关于黄铜矿的研究较少，数据极其有限，且这种简单粗暴的判别在大量样本的条件下是否依旧有效，将是一个值得深入研究的课题。

参考文献：

［1］ Dalm M，Buxton M. W. N，Ruitenbeek F. J. A. Discriminating ore and waste in a porphyry copper deposit using short-wavelength infrared（SWIR）hyperspectral imagery［J］. Minerals Engineering，2017，105（1）：10-18.

［2］ Rozendaal A，Textural H R，mineralogical and chemical characteristics of copper reverb furnace smelter slag of the Okiep copper district，South Africa［J］. Minerals Engineering，2013，52（10）：184-190.

［3］ Jankovic S. The copper deposits and geotectonic setting of the Thethyan Eurasian metallogenic belt［J］. Mineralium Deposita，1977，12（1）：37-47.

［4］ Bradley D，Cand Leach D L. Tectonic controls of Mississippi Val-ley-type lead-zinc mineralizationin orogenic forelands［J］. Mineralium Deposita，2003，38（6）：652-667.

［5］ Brzovic A，Villaescusa E. Rock mass characterization and assessment of block-forming geological discontinuities during caving of primary copper ore at the El Teniente mine，Chile［J］. International Journal of Rock Mechanics & Mining Sciences，2007，44（4）：565-583.

［6］ Lena V. S，Emerson R，Craig A，et al. Spatial and temporal zoning of hydrothermal alteration and mineralization in the Sossego iron oxide copper gold deposit，Carajás Mineral Province，Brazil：paragenesis and stable isotope constraints［J］. Miner Deposita，2008，43：129-159.

［7］ Machault J，Barbanson L，Thierry Augé，et al. Mineralogical and microtextural parameters in metals ores traceability studies［J］. Ore Geology Reviews，2014，63（12）：307-327.

［8］ Velasco F，Herrero J M，Suárez S，et al. Supergene features and evolution of gossans capping massive sulphide deposits in the Iberian Pyrite Belt［J］. Ore Geology Reviews，2013，53（12）：181-203.

［9］ Seetha D，Velraj G. FT-IR，XRD，SEM-EDS，EDXRF and chemometric analyses of archaeological artifacts recently excavated from Chandravalli in Karnataka State，South India［J］. Radiation Physics and Chemistry，2019，162（9）：114-120.

［10］ Murat H，Necdet T. A combined polarizing microscope，XRD，SEM，and specific gravity study of the petrified woods of volcanic origin from the Camlidere-Celtikci-Gudul fossil forest，in Ankara，Turkey［J］. Journal of African Earth Sciences，2009，53（4-5）：141-157.

［11］蒋晓光，周蕾，褚宁，等. X 射线荧光光谱分析硫化铜矿及其精矿的进展［J］. 冶金分析，2017，37（7）：23-30.

［12］吕新明，田延河，宁海龙，等. 波长色散 X 射线荧光光谱仪和多晶 X 射线衍射仪联用技术鉴定进口铜矿和含铜物料［J］. 中国无机分析化学，2018，8（4）：21-25.

［13］宋义，古松海，孙鑫，等. 铜精矿与铜冶渣的物相鉴别［J］. 冶金分析，2015，35（3）：25-31.

［14］咸洋，闵红，朱之秀，等. 多技术联用鉴别含铜物料固体废物属性［J］. 机械工程材料，2018，42（12）：18-26.

［15］阎超. 新疆某高碱性铁矿石选矿研究［J］. 甘肃冶金，2009，31（01）：37-39+62.

［16］Lee C A，Tang M. How to make porphyry deposits［J］. Earth and Planetary Science Letters，2020，628（11）：58-68.

［17］翟裕生，姚书振，蔡克勤. 矿床学［M］. 北京：地质出版社，2011.

［18］Lena V S，Roberto P，Murray W，et al. Mineral chemistry of ore and hydrothermal alteration at the Sossego iron oxide-copper-gold deposit，Carajas Mineral Province，Brazil［J］. Ore Geology Reviews，2008，34（3）：317-336.

[19] 刘心同,孙健. 铜矿贸易与质量检测[M]. 青岛:中国海洋出版社,2016.

[20] Chen H Y. External sulphur in IOCG mineralization: Implications on definition and classification of the IOCG clan[J]. Ore Geology Reviews,2013,51:74-78.

[21] Franklin J M,Gibson H L,Jonasson I R,et al. Volcanogenic massive sulfifde deposits[J]. Economic Geologists,2005,100:523-560.

[22] 徐国风. 矿相学的新发展与 2000 年展望[J]. 地质与勘探,1984(06):36-43.

[23] 宋学信,张景凯. 中国各种成因黄铁矿的微量元素特征[A]. 中国地质科学院矿床地质研究所文集(18)[C],1986:166-175.

[24] Bralia A G,Sabatini G,Troja F. A revaluation of the Co/Ni ratio in pyrite as geochemical tool in ore genesis problems[J]. Mineralium Deposita,1979,14(3):353-374.

[25] Price B J. Minor elements in pyrites from the smithers map area,b. c. and exploration applications of minor element studies[D]. Vancouver:University of British Columbia,1972.

[26] Brill B A. Trace-element contents and partitioning of elements in ore minerals from the CSA Cu-Pb-Zn deposit,Australia[J]. Canadian Mineralogist,1989,27:263-274.

[27] Bajwah Z U,Seccombe P K,Offler R. Trace element distribution,Co:Ni ratios and genesis of the Big Cadia iron-copper deposit,New South Wales,Australia[J]. Mineralium deposita,1987,22(4):292-300.

[28] 任云生,刘连登. 铜陵地区热液成因胶状黄铁矿及其成矿意义[J]. 矿床地质,2006,25(S1):95-98.

[29] Large RR,Danyushevsky L,Hollit C,et al. Gold and trace element zonation in pyrite using a laser imaging technique: implications for the timing of gold in orogenic and carlin-style sediment-hosted deposits[J]. Economic geology and the bulletin of the Society of Economic Geologists,2009,104(5):635-668.

[30] Meffre S,Large R R,Scott R,et al. Age and pyrite Pb-isotopic composition of the giant Sukhoi Log sediment-hosted gold deposit,Russia[J]. Geochimica et Cosmochimica Acta,2008,72(9):2377-2391.

[31] Singoyi B,Danyushevsky L,Davidson G,et al. Determination of trace elements in magnetites from hydrothermal deposits using the LA-ICP-MS technique[J]. Abstracts of Oral and Poster Presentations from the SEG 2006 Conference,2006:367-368.

[32] Wen G,Li J W,Hofstra A H,et al. Hydrothermalreequilibration of igneous magnetite in altered granitic plutons and its implications for magnetite classification schemes:Insights from the Handan-Xingtai iron district,North China Craton[J]. Geochimica et Cosmochimica Acta,2017,213:255-270.

[33] Huang X W,Beaudoin G. Textures andhemical ompositions of agnetite from Iron Oxide Copper-Gold (IOCG) and Kiruna-Type Iron Oxide-Apatite (IOA) eposits and heir mplications for re enesis and agnetite lassification chemes[J]. Economic Geology,2019,114(5):953-979.

[34] George LL,Cook N J,Ciobanu C L. Partitioning of trace elements in co-crystallized sphalerite – galena – chalcopyrite hydrothermal ores[J]. Ore Geology Reviews,2016,77:97-116.

[35] Gregory DD,Cracknell M J,Large R R,et al. Distinguishing re eposit ype and arren dimentary yrite sing aser blation-nductively oupled lasma-ass pectrometry race lement ata and tatistical nalysis of arge ata ets [J]. Economic Geology,2019,114(4):771-786.

[36] Mansur E T,Barnes S,Duran C J. An overview of chalcophile element contents of pyrrhotite,pentlandite, chalcopyrite,and pyrite from magmatic Ni-Cu-PGE sulfide deposits[J]. Mineralium Deposita,2021,56 (1):179-204.

[37] Ye L,Cook N J,Ciobanu C L,et al. Trace and minor elements in sphalerite from base metal deposits in South China:A LA-ICPMS study[J]. Ore Geology Reviews,2011,39(4):188-217.

[38] Huang X W,Boutroy É,Makvandi S,et al. Trace element composition of iron oxides from IOCG and IOA

deposits：relationship to hydrothermal alteration and deposit subtypes［J］. Mineralium Deposita,2019,54（4）:525-552.

［39］Huang X W,Sappin A A,Boutroy É,et al. Trace lement omposition of Igneous and ydrothermal agnetite from orphyry eposits：elationship to eposit ubtypes and agmatic ffinity［J］. Economic Geology,2019,114（5）:917-952.

［40］Machault J,Barbanson L,Augé T,et al. Mineralogical and microtextural parameters in metals ores traceability studies［J］. Ore Geology Reviews,2014,63:307-327.

［41］Liu G,Zhao K,Jiang S,et al. In-situ sulfur isotope and trace element analysis of pyrite from theXiwang uranium ore deposit in South China：Implication for ore genesis［J］. Journal of Geochemical Exploration,2018,195:49-65.

［42］Liu Y,Hu Z,Gao S,et al. In situ analysis of major and trace elements of anhydrous minerals by LA-ICP-MS without applying an internal standard［J］. Chemical Geology,2008,257（1-2）:34-43.

［43］刘海,王兵.中国西北部地区地质矿物在偏光显微镜下的特征［J］.世界有色金属,2019(17):201-202.

［44］邱柱国.矿相学(岩矿专业)［M］.北京:地质出版社,1982:408.

［45］王苹.矿石学教程［M］.武汉:中国地质大学出版社,2008:244.

［46］刘文元,陈毓川,刘羽.紫金山矿田Cu-Fe-S矿物的EPMA和LA-ICP-MS微区元素分析及地质意义［J］.地学前缘,2017,24(05):39-53.

［47］孟茹,刘云华,庄晓,等.新疆土根曼苏砂岩型铜矿矿物组合及富集规律［J］.西北地质,2020,53(04):108-119.

［48］Seedorff E,Dilles J H,Proffett J M,et al. Porphyry eposits haracteristics and rigin of hypogene features［M］,Economic Geology 100th Anniversary,2005,251-298.

［49］Meinert L D,Dipple G M,Nicolescu S. World karn eposits［M］. In：Hedenquist J W,Thompson J F H,Goldfarb R J,et al. One undredth nniversary olume. Society of Economic Geologists,2005.

［50］Sillitoe R H. Porphyry copper systems［J］. Economic geology and the bulletin of the Society of Economic Geologists,2010,105（1）:3-41.

［51］高辉,裴荣富,王安建,等.海相砂页岩型铜矿成矿模式与地质对比——以中国云南东川铜矿和阿富汗安纳克铜矿为例［J］.地质通报,2012,31(08):1332-1351.

［52］祝新友,张雄,蒋策鸿,等.云南东川铜矿的后生成因与勘查意义［Z］.中国江西南昌:第八届全国成矿理论与找矿方法学术讨论会.2017-12-9.

［53］曾瑞垠,祝新友,张雄,等.海相砂岩型铜矿研究进展及若干问题——以中非加丹加铜矿和云南东川铜矿对比研究为例［J］.地质通报,2020,39(10):1608-1624.

［54］殷学清,林海涛,苏治坤,等.东川式铜矿的成矿作用及后期叠加改造:来自硫化物原位硫同位素的制约［J］.矿床地质,2021,40(01):34-52.

［55］刘建明,叶杰,刘家军,等.SEDEX型和VHMS型矿床及其成矿地球动力学背景的对比［J］.矿床地质,2002,21(S1):28-31.

［56］韩发,孙海田.Sedex型矿床成矿系统［J］.地学前缘,1999(01):140-163.

［57］郑大中,郑若锋.自然铜、铜合金矿物及其矿床形成机理新探索［J］.四川地质学报,2002(02):72-81.

［58］王大鹏,张乾,朱笑青,等.中国自然铜矿化类型、特点及形成机理浅析［J］.矿物学报,2007(01):57-63.

［59］Sillitoe R H. Iron oxide-copper-gold deposits：an Andean view［J］. Mineralium Deposita,2003,38（7）:

787-812.

[60] Williams P J, Barton M D, Johnson D A, et al. Iron oxide copper – gold deposits: geology, space-time distribution, and possible modes of origin[J]. Economic Geology 100th Anniversary Volume, 2005, 100: 371-406.

[61] 毛景文, 余金杰, 袁顺达, 等. 铁氧化物-铜-金(IOCG)型矿床: 基本特征、研究现状与找矿勘查[J]. 矿床地质, 2008(03): 267-278.

[62] 陈华勇. 中国铁氧化物铜金(IOCG)矿床成矿规律及全球对比[J]. 矿床地质, 2012, 31(S1): 5-6.

[63] Maslennikov V V, Maslennikova S P, Large R R, et al. Chimneys in Paleozoic massive sulfide mounds of the Urals VMS deposits: Mineral and trace element comparison with modern black, grey, white and clear smokers[J]. Ore Geology Reviews, 2017, 85: 64-106.

[64] Hannington M D. Volcanogenicassive ulfide eposits[J]. Treatise on Geochemistry (Second Edition), 2014, 13: 463-488.

[65] Leach D L, Marsh E, Emsbo P, et al. Nature of ydrothermal luids at the Shale-Hosted Red Dog Zn-Pb-Ag eposits, Brooks Range, Alaska[J]. Economic Geology, 2004, 99(7): 1449-1480.

[66] Leach D, Sangster D, Kelley K, et al. Sediment-hosted lead-zinc deposits: A global perspective[M]. In: Hedenquist J W, Thompson J F H, Goldfarb R J, et al. Economic Geology 100th Anniversary Volume 1905-2005. Littleton: Society of Economic Geologists, 2005: 100, 561-607.

[67] 应立娟, 王登红, 唐菊兴, 等. 西藏甲玛铜多金属矿斑铜矿的特征浅析[J]. 矿床地质, 2010, 29(S1): 325-326.

[68] 王焕, 王立强, 应立娟, 等. 西藏甲玛铜多金属矿床斑铜矿特征及其成因意义[J]. 矿床地质, 2011, 30(02): 305-317.

[69] 胡乔帆, 冯佐海, 莫江平, 等. 赞比亚铜带省谦比希铜矿床成因: 来自流体包裹体和 H-O-S 同位素地球化学证据[J]. 地球科学, 2020: 1-38.

[70] Selley D, Broughton D, Scott R, et al. A new look at the geology of the Zambian Copperbelt[M]. In: Hedenquist J W, Thompson J F H, Goldfarb R J, et al. Economic Geology 100th Anniversary Volume 1905-2005. Littleton: Society of Economic Geologists, 2005, 965-1000.

[71] Barnes S J, Mungall J E, Le Vaillant M, et al. Sulfide-silicate textures in magmatic Ni-Cu-PGE sulfide ore deposits: Disseminated and net-textured ores[J]. American Mineralogist, 2017, 102(3): 473-506.

[72] Duran C J, Dubé-Loubert H, Pagé P, et al. Applications of trace element chemistry of pyrite and chalcopyrite in glacial sediments to mineral exploration targeting: Example from the Churchill Province, northern Quebec, Canada[J]. Journal of Geochemical Exploration, 2019, 196: 105-130.

[73] Hitzman M, Kirkham R, Broughton D, et al. The Sediment-Hosted Stratiform Copper Ore System[M]. In: Hedenquist J W, Thompson J F H, Goldfarb R J, et al. Economic eology 100th nniversary olume 1905-2005. Littleton: Society of Economic Geologists, 2005, 609-642.

附录　我国主要进口产地铜精矿地质成因、成分、物相、矿相信息

1 智利

1.1 智利 Collahuasi 矿区铜精矿

1.1.1 矿区简介

Collahuasi 区位于智利北部，位于安第斯山脉西部山脉西部斜坡上，占地面积 200 平方公里，以世界级罗萨里奥斑岩铜钼矿床为中心，海拔 4 300~5 200 m。

1.1.2 主要成分及其含量

收集全国多个口岸入境的 13 批次智利 Collahuasi 矿区铜精矿，并对其进行 X 射线荧光光谱无标样分析。采集铜精矿中 O、Na、Mg、Al、Si、P、S、Cl、K、Ca、Ti、V、Cr、Mn、Fe、Ni、Cu、Zn、As、Se、Sr、Zr、Mo、Ag、Pb、Bi、Gd、Er 元素含量，统计学描述见表 1。

表 1　智利 Collahuasi 矿区铜精矿无标样分析统计学描述

元素	O	Na	Mg	Al	Si	P	S	Cl	K
最大值/%	18.3	0.166	0.368	3.74	7.414	0.026	23.44	0.822	0.638
最小值/%	11.1	0.0268	0.222	2.24	4.401	0.014	20.13	0.048	0.345
平均值/%	14.2538	0.1010	0.2895	6.1291	6.1291	0.0202	21.7969	0.1645	0.5022
标准偏差/%	2.2411	0.0521	0.0458	0.9701	0.9701	0.0034	1.0723	0.1993	0.0937
元素	Ca	Ti	V	Cr	Mn	Fe	Ni	Cu	Zn
最大值/%	0.582	0.732	0.006	0.0244	0.016	22.63	0.008	25.64	0.666
最小值/%	0.151	0.0451	0.004	0.005	0.006	19.37	0.006	22.75	0.285
平均值/%	0.2078	0.1126	0.005	0.0114	0.0094	21.1569	0.0072	23.8915	0.4638
标准偏差/%	0.1142	0.1866	0.0014	0.0112	0.0027	1.1189	0.0007	0.9773	0.1181
元素	As	Se	Sr	Zr	Mo	Ag	Pb	Bi	Gd
最大值/%	0.4156	0.013	0.004	0.003	0.3762	0.14	0.0395	0.013	0.015
最小值/%	0.119	0.007	0.002	0.001	0.101	0.01	0.007	0.009	0.013
平均值/%	0.2257	0.0108	0.0034	0.0017	0.2025	0.0248	0.0134	0.0101	0.014
标准偏差/%	0.0916	0.0018	0.0006	0.0006	0.0833	0.0383	0.0128	0.0015	0.0014
元素	Er								
最大值/%	0.207								
最小值/%	0.171								
平均值/%	0.1869								
标准偏差/%	0.0139								

1.1.3 物相信息

对智利 Collahuasi 矿区铜精矿进行 X 射线衍射测试，分析其物相组成特征，结果表明，智利 Collahuasi 矿区铜精矿的主要物相为黄铜矿、黄铁矿，其次含有的物相为闪锌矿、石英、斑铜矿、勃姆石和黑云母等（图1）。

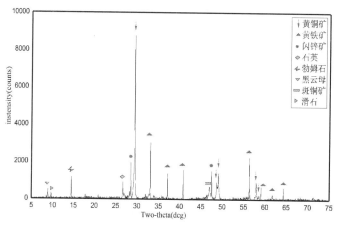

图 1　典型智利 Collahuasi 矿区铜精矿 X 射线衍射谱图

1.1.4 矿相信息

对智利 Collahuasi 矿区铜精矿进行矿相鉴定，其不透明矿物组合结果如下：

单体（60%）：半自形－它形，主要矿物有黄铜矿、黄铁矿、斑铜矿、铜蓝、硫砷铜矿、闪锌矿、辉钼矿、砷黝铜矿。

表 2　智利 Collahuasi 矿区铜精矿偏光显微镜鉴定特征

矿相	含量	特征
黄铜矿	91%	按颗粒大小分为两群，其中颗粒粒度大的一群约 100 μm，其总体呈铜黄色，较高反射率，弱非均质性，中低硬度(小于钢针)，易磨光，表面光滑
黄铁矿	5%	颗粒粒度大的一群约 100 μm，呈浅黄色，高反射率，均质性，高硬度（大于钢针），常呈自形、半自形晶
斑铜矿	2%	颗粒粒度大的一群约 100 μm，有特殊的反射色(玫瑰色、棕粉红色、紫色)，中硬度(大于铜针，小于钢针)，均质性，磨光好，常与其他铜矿物共生
铜蓝	1%	呈蓝色反射色，显著反射多色性（深蓝色微带紫色-蓝白色），特强非均质性，特殊偏光色（450 位置为火红-棕红色）
硫砷铜矿	微量	颗粒粒度大的一群约 100 μm，浅粉红灰白色，易磨光，呈柱状晶形或它形粒状，强非均质性
闪锌矿	微量	颗粒粒度大的一群约 100 μm，呈纯灰色，低反射率，均质性，中等硬度，常见棕红色或褐红色内反射，常见黄铜矿出溶
辉钼矿	微量	呈灰白色，中等反射率，极显著的双反射和极强的非均质性（偏光色暗蓝和白色微带玫瑰紫色），低硬度，晶型常为弯曲的长板状和纤维状
砷黝铜矿	微量	以灰白色微带蓝绿色为特征，中等反射率，中等硬度，均质性

连生体（40%）斑铜矿出溶黄铜矿（如图 2a），铜蓝交代斑铜矿与闪锌矿（如图 2f、图 2g），黄铜矿、砷黝铜矿及斑铜矿连生（如图 2e），闪锌矿网脉交代黄铜矿（如图 2f），闪锌矿出溶黄铜矿（如图 2g）。

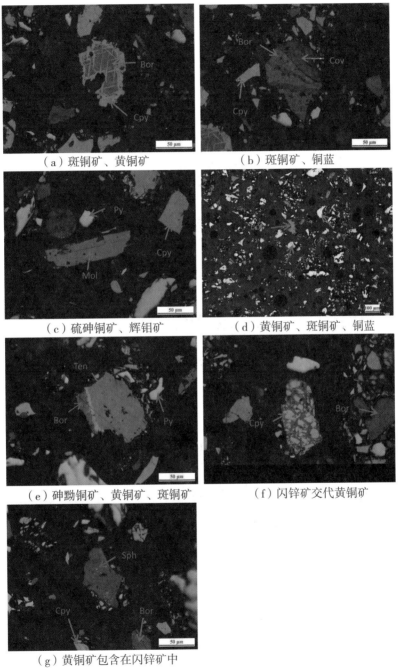

（a）斑铜矿、黄铜矿　　　　　　　　（b）斑铜矿、铜蓝

（c）硫砷铜矿、辉钼矿　　　　　　　（d）黄铜矿、斑铜矿、铜蓝

（e）砷黝铜矿、黄铜矿、斑铜矿　　　　（f）闪锌矿交代黄铜矿

（g）黄铜矿包含在闪锌矿中

图 2　典型智利 Collahuasi 矿区铜精矿偏光显微镜图

1.2 智利 Escondida 矿区铜精矿

1.2.1 矿区简介

Escondida 位于智利安第斯山脉的高海拔地区，位于安托法加斯塔东南 160 公里处，处于多梅科断层系统的埃斯孔迪达-塞拉-瓦拉斯剪切型透镜体中，为超大型斑岩铜（钼）矿床。

1.2.2 主要成分及其含量

收集了全国多个口岸入境的 22 批次智利 Escondida（艾斯康迪达）矿区铜精矿，并对其进行了 X 射线荧光光谱无标样分析。采集铜精矿中 O、Na、Mg、Al、Si、P、S、Cl、K、Ca、Ti、V、Cr、Mn、Co、Fe、Ni、Cu、Zn、As、Se、Sr、Zr、Mo、Ag、Pb、W、Ho、Gd、Er 元素含量，统计学描述见表3。

表3 智利 Escondida 矿区铜精矿无标样分析统计学描述

元素	O	Na	Mg	Al	Si	P	S	Cl	K
最大值/%	17.4000	0.1780	0.2860	3.9700	6.4900	0.0663	22.9000	0.0762	0.5720
最小值/%	10.2000	0.0030	0.1080	2.3100	4.1450	0.0152	12.9500	0.0150	0.3940
平均值/%	13.8818	0.0558	0.1748	3.2073	5.1326	0.0371	20.14	0.0313	0.4865
标准偏差/%	2.0893	0.0580	0.0399	0.3594	0.6170	0.0130	2.97	0.0152	0.0452
元素	Ca	Ti	V	Cr	Mn	Co	Fe	Ni	Cu
最大值/%	0.1570	0.1530	0.0070	0.0832	0.0167	0.0048	28.50	0.0130	27.51
最小值/%	0.0744	0.1070	0.0050	0.0050	0.0060	0.0025	18.53	0.0080	22.33
平均值/%	0.1084	0.1330	0.0060	0.0149	0.0091	0.0037	20.30	0.0103	24.98
标准偏差/%	0.0223	0.0111	0.0008	0.0240	0.0028	0.0012	2.1367	0.0012	1.3766
元素	Zn	As	Se	Sr	Zr	Mo	Ag	Pb	W
最大值/%	2.7220	0.1700	0.0130	0.0301	0.0040	0.1829	0.0160	0.1110	0.0162
最小值/%	0.1470	0.0949	0.0030	0.0081	0.0020	0.0564	0.0080	0.0080	0.0110
平均值/%	0.6807	0.1336	0.0081	0.0200	0.0026	0.0924	0.0110	0.0390	0.0136
标准偏差/%	0.6545	0.0173	0.0027	0.0064	0.0006	0.0261	0.0024	0.0306	0.0037
元素	Ho	Gd	Er						
最大值/%	0.0444	0.0170	0.2170						
最小值/%	0.0400	0.0160	0.1730						
平均值/%	0.0422	0.0165	0.1927						

1.2.3 物相信息

对智利 Escondida 矿区铜精矿进行 X 射线衍射测试，分析其物相组成特征，结果表明，智利 Escondida 矿区铜精矿的主要物相为黄铜矿、黄铁矿，其次含有闪锌矿、石英、勃姆矿、黑云母（图3）。

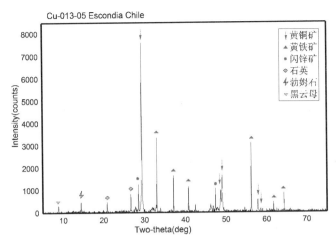

图 3 典型智利 Escondida 矿区铜精矿 X 射线衍射谱图

1.2.4 矿相信息

对智利 Escondida 矿区铜精矿进行矿相鉴定，其不透明矿物组合结果如下：

单体（65%）：它形，有黄铜矿 Cpy、黄铁矿 Py、铜蓝 Cov、斑铜矿 Bor、闪锌矿 Spy、磁铁矿 Mag、辉钼矿 Mol、砷黝铜矿 Ten。

表 4 智利 Escondida 矿区铜精矿偏光显微镜鉴定特征

矿相	含量	特征
黄铜矿	88%	按颗粒大小分为两群，其中颗粒粒度大的一群约 100 μm，其总体呈铜黄色，较高反射率，弱非均质性，中低硬度（小于钢针），易磨光，表面光滑
黄铁矿	5%	颗粒粒度大的一群约 100 μm，其总体呈铜黄色，较高反射率，弱非均质性，中低硬度（小于钢针），易磨光，表面光滑
铜蓝	3%	颗粒粒度大的一群约 100 μm，呈蓝色反射色，显著反射多色性（深蓝色微带紫色–蓝白色），特强非均质性，特殊偏光色（450 位置为火红–棕红色）
斑铜矿	3%	颗粒粒度大的一群约 100 μm，有特殊的反射色（玫瑰色、棕粉红色、紫色），中硬度（大于铜针，小于钢针），均质性，磨光好，常与其他铜矿物共生。
闪锌矿	微量	颗粒粒度大的一群约 100 μm，呈纯灰色，低反射率，均质性，中等硬度，常见棕红色或褐红色内反射，常见黄铜矿出溶
磁铁矿	微量	颗粒粒度大的一群约 100 μm，灰白色微带浅棕色，中等反射率，均质性，高硬度
辉钼矿	微量	灰白色，中等反射率，极显著的双反射和极强的非均质性（偏光色暗蓝和白色微带玫瑰紫色），低硬度，晶型常为弯曲的长板状和纤维状
砷黝铜矿	微量	颗粒粒度大的一群约 100 μm，以灰白色微带蓝绿色为特征，中等反射率，中等硬度，均质性

连生体（35%）：斑铜矿 Bor 与黄铜矿 Cpy 连生（如图 4b），约 20%，铜蓝 Cov 交代黄铜矿 Cpy、斑铜矿 Bor 与砷黝铜矿 Ten（如图 4c、图 4d），约 15%，闪锌矿出溶黄铜矿 Cpy（如图 4a），约 20%，黄铁矿 Py 的溶蚀边（如图 4f），约 10%，黄铁矿 Py 包裹黄铜矿 Cpy（如图 4g），约 10%，黄铜矿 Cpy 与斑铜矿 Bor 交代黄铁矿 Py（如图 4c），约 25%。

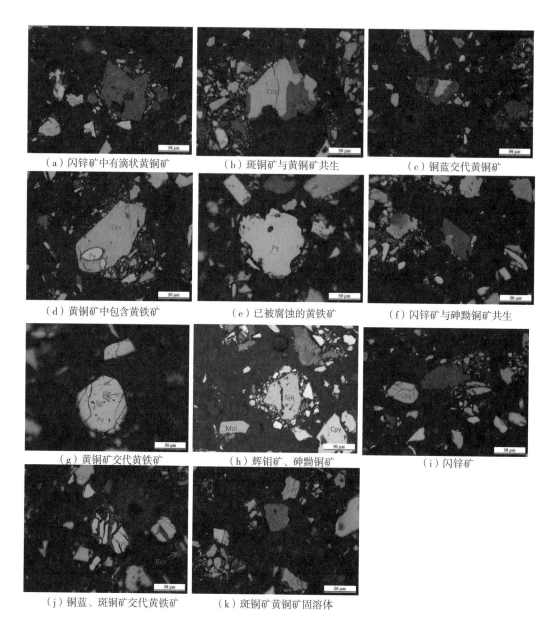

（a）闪锌矿中有滴状黄铜矿　　　　（b）斑铜矿与黄铜矿共生　　　　（c）铜蓝交代黄铜矿

（d）黄铜矿中包含黄铁矿　　　　（e）已被腐蚀的黄铁矿　　　　（f）闪锌矿与砷黝铜矿共生

（g）黄铜矿交代黄铁矿　　　　（h）辉钼矿、砷黝铜矿　　　　（i）闪锌矿

（j）铜蓝、斑铜矿交代黄铁矿　　　　（k）斑铜矿黄铜矿固溶体

图 4　典型智利 Escondida 矿区铜精矿偏光显微镜图

1.3　智利 Los Bronces 矿区铜精矿

1.3.1　矿区简介

Los Bronces 位于圣地亚哥东北 65 公里处的安第斯山脉，是与 Codelco Andina 矿相邻的斑岩簇，矿体中含有原生硫化物，如黄铜矿和硼铁矿，覆盖着一层厚厚的硫方解石。

1.3.2　主要成分及其含量

收集了全国多个口岸入境的 9 批次智利 Los Bronces 矿区铜精矿，并对其进行了 X

射线荧光光谱无标样分析。采集铜精矿中 O、Na、Mg、Al、Si、P、S、Cl、K、Ca、Ti、V、Cr、Mn、Fe、Ni、Cu、Zn、As、Se、Sr、Zr、Mo、Ag、Pb、Bi、Gd、Er 元素含量，统计学描述见表 5。

表 5 智利 Los Bronces 矿区铜精矿无标样分析统计学描述

元素	O	Na	Mg	Al	Si	P	S	Cl	K
最大值/%	20.6000	0.0398	0.3210	2.4600	4.6180	0.0470	24.6200	0.0150	0.7520
最小值/%	9.1700	0.0398	0.1580	1.5700	2.6100	0.0280	20.2800	0.0140	0.4320
平均值/%	13.2578	0.0398	0.2324	1.8744	3.4739	0.0368	23.4544	0.0145	0.5472
标准偏差/%	3.9505	——	0.0545	0.3389	0.7060	0.0071	1.4274	0.0007	0.1144
元素	Ca	Ti	V	Cr	Mn	Fe	Ni	Cu	Zn
最大值/%	0.2870	0.1330	0.0050	0.0080	0.0130	25.4500	0.0100	25.0000	0.1490
最小值/%	0.1360	0.0845	0.0050	0.0050	0.0060	20.9000	0.0080	17.8500	0.0622
平均值/%	0.1926	0.1087	0.0050	0.0065	0.0086	23.9333	0.0089	20.7244	0.0965
标准偏差/%	0.0428	0.0138	——	0.0021	0.0022	1.3892	0.0008	2.3655	0.0269
元素	As	Se	Sr	Zr	Mo	Ag	Pb	Bi	Gd
最大值/%	0.2380	0.0070	0.0030	0.0020	0.2816	0.0130	0.0268	0.0090	0.0200
最小值/%	0.0532	0.0040	0.0020	0.0020	0.0540	0.0080	0.0090	0.0090	0.0200
平均值/%	0.1313	0.0055	0.0024	0.0020	0.1244	0.0096	0.0164	0.0090	0.0200
标准偏差/%	0.0685	0.0021	0.0005	——	0.0768	0.0021	0.0062	—	—
元素	Er								
最大值/%	0.2460								
最小值/%	0.2060								
平均值/%	0.2306								
标准偏差/%	0.0121								

1.3.3 物相信息

对智利 Los Bronces 矿区铜精矿进行 X 射线衍射测试，分析其物相组成特征，结果表明，智利 Los Bronces 矿区铜精矿的主要物相为黄铜矿、黄铁矿，其次含有闪锌矿、石英等（图 5）。

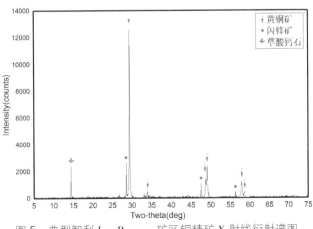

图 5 典型智利 Los Bronces 矿区铜精矿 X 射线衍射谱图

1.3.4 矿相信息

对智利 Los Bronces 矿区铜精矿进行矿相鉴定，其不透明矿物组合结果如下：

单体（65%）：它形-半自形-自形，主要矿物有黄铜矿、黄铁矿、闪锌矿、铜蓝、辉铜矿、斑铜矿。

表 6　智利 Los Bronces 矿区铜精矿偏光显微镜鉴定特征

矿相	含量	特征
黄铜矿	65%	滑颗粒粒度大的一群约 100 μm，其总体呈铜黄色，较高反射率，弱非均质性，中低硬度（小于钢针），易磨光，表面光滑。
黄铁矿	30%	颗粒粒度大的一群约 100 μm，呈浅黄色，高反射率，均质性，高硬度（于钢针），常呈自形、半自形晶。
闪锌矿	1%	颗粒粒度大的一群约 40 μm，呈纯灰色，低反射率，均质性，中等硬度，常见棕红色或褐红色内反射，常见黄铜矿出溶
铜蓝	3%	颗粒粒度大的一群约 40 μm，呈蓝色反射色，显著反射多色性（深蓝色微带紫色-蓝白色），特强非均质性，特殊偏光色（45°位置为火红-棕红色）。
辉铜矿	微量	灰白色微带浅蓝色，中等反射率，弱非均质性，低硬度，常与其他铜矿物共生
斑铜矿	微量	有特殊的反射色（玫瑰色、棕粉红色、紫色），中硬度（大于铜针，小于钢针），均质性，磨光好，常与其他铜矿物共生。

连生体（35%）：黄铜矿包含黄铁矿（如图 6a），闪锌矿出溶黄铜矿，闪锌矿交代黄铁矿（如图 6e），闪锌矿交代辉铜矿，铜蓝、斑铜矿和黄铜矿（如图 6f），铜蓝交代黄铜矿（如图 6h）。

2　秘鲁

2.1　秘鲁 Antamina 矿区铜精矿

2.1.2　矿区简介

Antamina 位于秘鲁北部的安第斯山脉，位于西科迪勒拉东部的逆冲褶皱带中，平均海拔 4 200 m，由中生代碳酸盐岩组成，是一个含矽卡岩的多金属矿床。

2.1.3　主要成分及其含量

收集全国多个口岸入境的 24 批次秘鲁 Antamina 矿区铜精矿，并对其进行 X 射线荧光光谱无标样分析。采集铜精矿中 O、Na、Mg、Al、Si、P、S、Cl、K、Ca、Ti、V、Cr、Mn、Fe、Ni、Cu、Zn、As、Se、Sr、Zr、Mo、Ag、Cd Pb、Bi、Er 元素含量，统计学描述见表 7。

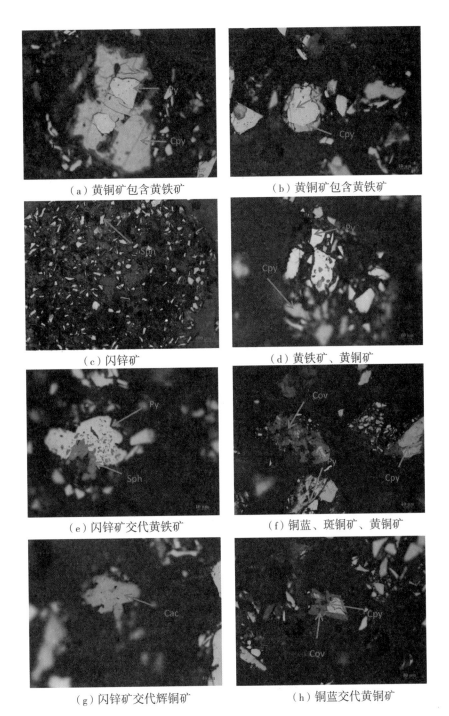

(a) 黄铜矿包含黄铁矿　　　　　　　　（b) 黄铜矿包含黄铁矿

(c) 闪锌矿　　　　　　　　　　　（d) 黄铁矿、黄铜矿

(e) 闪锌矿交代黄铁矿　　　　　　（f) 铜蓝、斑铜矿、黄铜矿

(g) 闪锌矿交代辉铜矿　　　　　　　（h) 铜蓝交代黄铜矿

图 6　典型智利 Los Bronces 矿区铜精矿偏光显微镜图

表 7　秘鲁 Antamina 矿区铜精矿无标样分析统计学描述

元素	O	Na	Mg	Al	Si	P	S	Cl	K
最大值/%	12.0000	0.3460	0.9160	1.1900	4.5550	0.0360	25.0000	0.0180	0.4120
最小值/%	4.3000	0.0110	0.2740	0.0030	1.2500	0.0130	13.0100	0.0150	0.0713

(续表)

元素	O	Na	Mg	Al	Si	P	S	Cl	K
平均值/%	7.2021	0.1167	0.4978	0.6719	2.9419	0.0195	20.9546	0.0163	0.2276
标准偏差/%	1.7841	0.0793	0.1732	0.2722	0.8292	0.0070	3.8219	0.0013	0.0821
元素	Ca	Ti	Cr	Mn	Fe	Ni	Cu	Zn	As
最大值/%	2.4140	0.0382	0.0762	0.6110	25.6100	0.0080	26.2100	7.1290	0.7870
最小值/%	1.3400	0.0110	0.0050	0.0277	21.3600	0.0050	22.3700	2.6980	0.0108
平均值/%	1.8565	0.0259	0.0162	0.0617	23.7854	0.0064	24.4525	4.4696	0.0907
标准偏差/%	0.3019	0.0068	0.0265	0.1172	0.9732	0.0011	0.8776	1.2538	0.1500
元素	Se	Zr	Mo	Ag	Cd	Pb	Bi	Er	
最大值/%	0.0150	0.0020	0.3439	0.0440	0.0180	0.5210	0.3480	0.2270	
最小值/%	0.0050	0.0000	0.0830	0.0150	0.0100	0.2270	0.0297	0.1940	
平均值/%	0.0098	0.0014	0.2273	0.0270	0.0135	0.3459	0.1466	0.2104	
标准偏差/%	0.0028	0.0006	0.0663	0.0075	0.0026	0.0781	0.1224	0.0088	

2.1.4 物相信息

对秘鲁 Antamina 矿区铜精矿进行 X 射线衍射测试，分析其物相组成特征，结果表明，秘鲁 Antamina 矿区铜精矿的主要物相为黄铜矿，其次含有闪锌矿和草酸钙石（图 7）。

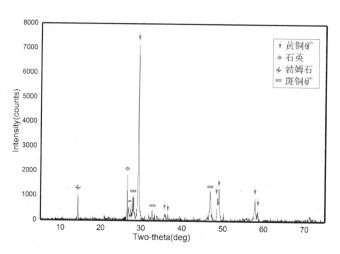

图 7 典型秘鲁 Antamina 矿区铜精矿 X 射线衍射谱图

2.1.5 矿相信息

对秘鲁 Antamina 矿区铜精矿进行矿相鉴定，其不透明矿物组合结果如下：

单体（70%）：半自形-它形，有黄铜矿（Cpy）、闪锌矿（Sph）、斑铜矿（or）、辉钼矿（Mol）、黄铁矿（Py）、辉铜矿（Chalcocite）、砷黝铜矿（Ten）。

表 8　秘鲁 Antamina 矿区铜精矿偏光显微镜鉴定特征

矿相	含量	特征
黄铜矿	98%	按颗粒大小分为两群，其中颗粒粒度大的一群约 100 μm。其总体呈铜黄色，较高反射率，弱非均质性，中低硬度（小于钢针），易磨光，表面光滑
闪锌矿	1%	颗粒粒度大的一群约 100 μm，呈纯灰色，低反射率，均质性，中等硬度，常见棕红色或褐红色内反射，常见黄铜矿出溶
斑铜矿	微量	颗粒粒度大的一群约 100 μm，有特殊的反射色（玫瑰色、棕粉红色、紫色），中硬度（大于铜针，小于钢针），均质性，磨光好，常与其他铜矿物共生
辉钼矿	微量	呈灰白色，中等反射率，极显著的双反射和极强的非均质性（偏光色暗蓝和白色微带玫瑰紫色），低硬度，晶型常为弯曲的长板状和纤维
黄铁矿	微量	呈浅黄色，高反射率，均质性，高硬度（大于钢针），常呈自形、半自形晶
辉铜矿	微量	颗粒粒度大的一群约 100 μm，呈纯灰色，低反射率，均质性，中等硬度，常见棕红色或褐红色内反射，常见黄铜矿出溶
辉钼矿	微量	以灰白色微带蓝绿色为特征，中等反射率，中等硬度，均质性

连生体（30%）：斑铜矿（Bor）与闪锌矿（Sph）连生（如图 8c），约 20%，闪锌矿（Sph）出溶黄铜矿（Cpy）（如图 8b），约 25%，闪锌矿（Sph）与黄铜矿（Cpy）连生（如图 8e），约 25%，黄铜矿（Cpy）包裹自形黄铁矿（Py）（如图 8a），约 15%。

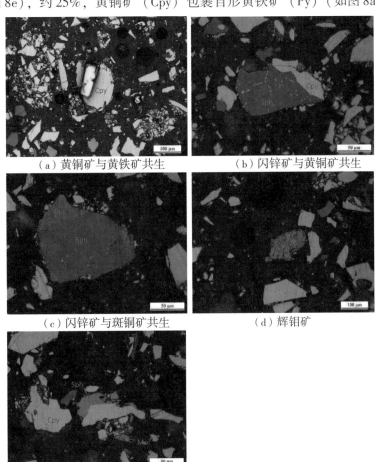

（a）黄铜矿与黄铁矿共生　　　　　（b）闪锌矿与黄铜矿共生

（c）闪锌矿与斑铜矿共生　　　　　（d）辉钼矿

（e）闪锌矿、辉钼矿、黄铜矿

图 8　典型秘鲁 Antamina 矿区铜精矿偏光显微镜图

2.2 秘鲁 Las Bambas 矿区铜精矿

2.2.1 矿区简介

Las Bambas 位于秘鲁南部库斯科西南偏南 72 公里处，海拔 3700-4650 m 的地方，包括 Ferrobamba、Chalcobamba、Sulfobamba 和 Charcas 矿区。主要的原生矿物有黄铜矿、硼铁矿、辉钼矿和黄铁矿。氧化物是磁铁矿和赤铁矿。碳酸盐是孔雀石和蓝铜矿。

2.2.2 主要成分及其含量

收集了全国多个口岸入境的 22 批次秘鲁 Las Bambas 矿区铜精矿，并对其进行 X 射线荧光光谱无标样分析。采集铜精矿中 O、Na、Mg、Al、Si、P、S、Cl、K、Ca、Ti、V、Cr、Mn、Co、Fe、Ni、Cu、Zn、As、Se、Rb、Sr、Zr、Mo、Ag、Pb、Bi、Er 元素含量，统计学描述见表9。

表 9　秘鲁 Las Bambas 矿区铜精矿无标样分析统计学描述

元素	O	Na	Mg	Al	Si	P	S	Cl	K
最大值/%	23.0000	0.8080	2.9400	3.2800	13.4100	0.0765	23.5400	0.1140	1.0200
最小值/%	11.6000	0.1400	0.1980	0.5970	1.4400	0.0150	8.1280	0.0110	0.0396
平均值/%	18.8000	0.4284	2.0623	2.3049	10.0433	0.0554	14.0144	0.0208	0.7307
标准偏差/%	2.5364	0.2255	0.6319	0.5918	2.4665	0.0146	2.9609	0.0242	0.1960
元素	Ca	Ti	V	Cr	Mn	Co	Fe	Ni	Cu
最大值/%	4.8850	0.0951	0.0080	0.0855	0.0472	0.0027	27.7700	0.0090	32.7400
最小值/%	0.6850	0.0279	0.0050	0.0060	0.0198	0.0027	11.1200	0.0060	19.9300
平均值/%	3.6166	0.0709	0.0060	0.0439	0.0369	0.0027	13.8973	0.0071	29.5686
标准偏差/%	0.8571	0.0121	0.0010	0.0367	0.0073	0.0000	3.3472	0.0010	2.7191
元素	Zn	As	Se	Rb	Sr	Zr	Mo	Ag	Pb
最大值/%	0.0831	0.0958	0.4180	0.0020	0.0119	0.0030	0.8478	0.0240	0.0380
最小值/%	0.0529	0.0146	0.0120	0.0020	0.0050	0.0020	0.0089	0.0140	0.0070
平均值/%	0.0661	0.0328	0.0672	0.0020	0.0075	0.0022	0.4456	0.0198	0.0170
标准偏差/%	0.0085	0.0219	0.0791	0.0000	0.0013	0.0004	0.1523	0.0030	0.0082
元素	Bi	Er							
最大值/%	0.0110	0.2720							
最小值/%	0.0070	0.0120							
平均值/%	0.0090	0.1217							
标准偏差/%	0.0013	0.0448							

2.2.3 物相信息

对秘鲁 Las Bambas 矿区铜精矿进行 X 射线衍射测试，分析其物相组成特征，结果表明，秘鲁 Las Bambas 矿区铜精矿的主要物相为黄铜矿，其次含有斑铜矿、勃姆石、石英（图9）。

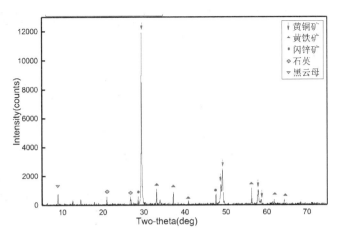

图 9　典型秘鲁 Las Bambas 矿区铜精矿 X 射线衍射谱图

2.2.4　矿相信息

对秘鲁 Las Bambas 矿区铜精矿进行矿相鉴定，其不透明矿物组合结果如下：

单体（65%）：半自形–它形，有黄铜矿 Cpy、斑铜矿 Bor、铜蓝 Cov、砷黝铜矿 Ten、辉铜矿 Cac、黄铁矿 Py、辉钼矿 Mol、磁铁矿 Mag。

表 10　秘鲁 Las Bambas 矿区铜精矿偏光显微镜鉴定特征

矿相	含量	特征
黄铜矿	48%	按颗粒大小分为两群，其中颗粒粒度大的一群约 100 μm，其总体呈铜黄色，较高反射率，弱非均质性，中低硬度（小于钢针），易磨光，表面光滑
斑铜矿	48%	颗粒粒度大的一群约 100 μm，有特殊的反射色（玫瑰色、棕粉红色、紫色），中硬度（大于铜针，小于钢针），均质性，磨光好，常与其他铜矿物共生
铜蓝	1%	呈蓝色反射色，显著反射多色性（深蓝色微带紫色–蓝白色），特强非均质性，特殊偏光色（450 位置为火红–棕红色）
砷黝铜矿	微量	以灰白色微带蓝绿色为特征，中等反射率，中等硬度，均质性。
辉铜矿	微量	白色微带浅蓝色，中等反射率，弱非均质性，低硬度常与其他铜矿物共生
黄铁矿	微量	呈浅黄色，高反射率，均质性，高硬度（大于钢针）
辉钼矿	微量	灰白色，中等反射率，极显著的双反射和极强的非均质性（偏光色暗蓝和白色微带玫瑰紫色），低硬度，晶型常为弯曲的长板状和纤维状
磁铁矿	微量	灰白色微带浅棕色，中等反射率，均质性，高硬度

连生体（35%）：黄铜矿 Cpy 与斑铜矿 Bor 连生（如图 10a），约 20%，斑铜矿 Bor 出溶黄铜矿 Cpy（如图 10a），约 15%，铜蓝 Cov 交代斑铜矿 Bor（如图 10b），约 15%，辉铜矿 Cac 交代斑铜矿 Bor（如图 10c），约 15%，黄铜矿 Cpy 交代斑铜矿 Bor（如图 10d），约 25%，黄铜矿 Cpy 与砷黝铜矿 Ten 连生（如图 10f），约 10%。

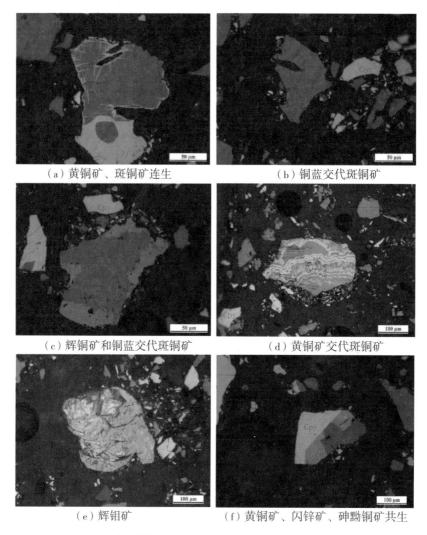

（a）黄铜矿、斑铜矿连生　　　　　　（b）铜蓝交代斑铜矿

（c）辉铜矿和铜蓝交代斑铜矿　　　　（d）黄铜矿交代斑铜矿

（e）辉钼矿　　　　　　（f）黄铜矿、闪锌矿、砷黝铜矿共生

图 10　典型秘鲁 Las Bambas 矿区铜精矿偏光显微镜图

2.3　秘鲁 Cerro Verde 矿区铜精矿

2.3.1　矿区简介

Cerro Verde 位于秘鲁中安第斯山脉的晚古新世-中始新世斑岩铜-钼带，长 800 公里。Cerro Verde 是一个斑岩铜矿床，具有氧化物、次生硫化物矿化和原生硫化物矿化。

2.3.2　主要成分及其含量

收集了全国多个口岸入境的 8 批次秘鲁 Cerro Verde 矿区铜精矿，并对其进行 X 射线荧光光谱无标样分析。采集铜精矿中 O、Na、Mg、Al、Si、P、S、Cl、K、Ca、Ti、V、Cr、Mn、Fe、Ni、Cu、Zn、As、Se、Rb、Sr、Zr、Mo、Ag、Sb、Pb、Ba、Ho、Ce、Gd、Er 元素含量，统计学描述见表 11。

表 11　秘鲁 Cerro Verde 矿区铜精矿无标样分析统计学描述

元素	O	Na	Mg	Al	Si	P	S	Cl	K
最大值/%	15.8000	0.1560	0.4490	2.9100	5.8830	0.0430	23.2000	0.0160	0.8730
最小值/%	8.6400	0.0040	0.2720	2.2100	3.3900	0.0090	13.3200	0.0160	0.5620
平均值/%	11.2663	0.0763	0.3615	2.4413	4.1414	0.0210	21.1475	0.0160	0.6455
标准偏差/%	2.3554	0.0693	0.0567	0.2514	0.7985	0.0107	3.2717	—	0.0990
元素	Ca	Ti	V	Cr	Mn	Fe	Ni	Cu	Zn
最大值/%	0.6340	0.1310	0.0070	0.0090	0.0491	24.3300	0.0080	22.8100	0.7318
最小值/%	0.4500	0.1030	0.0050	0.0040	0.0223	21.6800	0.0060	20.2500	0.3080
平均值/%	0.5318	0.1155	0.0060	0.0063	0.0325	23.4275	0.0073	21.4825	0.5063
标准偏差/%	0.0639	0.0096	0.0010	0.0022	0.0107	1.1087	0.0008	0.6999	0.1654
元素	As	Se	Rb	Sr	Zr	Mo	Ag	Sb	Pb
最大值/%	0.2570	0.0070	0.0030	0.0060	0.0020	0.2459	0.0120	0.0300	0.2380
最小值/%	0.1080	0.0050	0.0020	0.0030	0.0010	0.0293	0.0100	0.0190	0.0729
平均值/%	0.1675	0.0067	0.0023	0.0044	0.0012	0.1307	0.0109	0.0240	0.1468
标准偏差/%	0.0468	0.0008	0.0006	0.0012	0.0004	0.0856	0.0006	0.0054	0.0559
元素	Ba	Ho	Ce	Gd	Er				
最大值/%	0.0060	0.0300	0.0210	0.0250	0.2240				
最小值/%	0.0060	0.0240	0.0190	0.0180	0.0170				
平均值/%	0.0060	0.0270	0.0200	0.0220	0.1748				
标准偏差/%	—	0.0042	0.0014	0.0036	0.0784				

2.3.3　物相信息

对秘鲁 Cerro Verde 矿区铜精矿进行 X 射线衍射测试，分析其物相组成特征，结果表明，秘鲁 Cerro Verde 矿区铜精矿的主要物相为黄铜矿，其次含有黄铁矿、闪锌矿、石英、黑云母（图 11）。

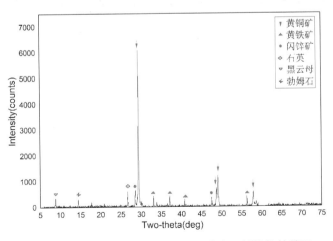

图 11　典型秘鲁 Cerro Verde 矿区铜精矿 X 射线衍射谱图

2.3.4 矿相信息

对秘鲁 Cerro Verde 矿区铜精矿进行矿相鉴定，其不透明矿物组合结果如下：

单体（95%）：半自形-它形，有黄铜矿 Cpy、黄铁矿 Py、铜蓝 Cov、闪锌矿 Spy、辉钼矿 Mol。

表 12 秘鲁 Cerro Verde 矿区铜精矿偏光显微镜鉴定特征

矿相	含量	特征
黄铜矿	97%	含量约 97%，按颗粒大小分为两群，其中颗粒粒度大的一群约 100 μm，其总体呈铜黄色，较高反射率，弱非均质性，中低硬度（小于钢针），易磨光，表面光滑。
黄铁矿	1%	含量约 1%，颗粒粒度大的一群约 100 μm，浅黄色，高反射率，均质性，高硬度（大于钢针）。
铜蓝	1%	呈蓝色反射色，显著反射多色性（深蓝色微带紫色-蓝白色），特强非均质性，特殊偏光色（450 位置为火红-棕红色）。
闪锌矿	微量	微量，颗粒粒度大的一群约 100 μm，纯灰色，低反射率，均质性，中等硬度，常见棕红色或褐红色内反射，常见黄铜矿出溶。
辉钼矿	微量	呈灰白色，中等反射率，极显著的双反射和极强的非均质性（偏光色暗蓝和白色微带玫瑰紫色），低硬度，晶型常为弯曲的长板状和纤维状

连生体（5%）：连生矿物较少，闪锌矿 Spy 出熔黄铜矿 Cpy（如图 12a），约 30%，黄铜矿 Cpy 与闪锌矿 Spy 连生（如图 12b），约 70%。

 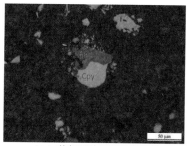

（a）辉钼矿　　　　　　　　　（b）黄铜矿与闪锌矿共生

图 12　典型秘鲁 Cerro Verde 矿区铜精矿偏光显微镜图

3 墨西哥

3.1 墨西哥 Buenavista 矿区铜精矿

3.1.1 矿区简介

Buenavista 位于距离墨西哥 Caridad 71 公里的地方，属于南科迪勒伦造山带，从墨西哥南部一直延伸到美国西北部。Buenavista 铜斑岩矿床与侵入中生代火山岩的第三纪花岗闪长岩基及伴生石英二长斑岩有关，该区地质构造特征为大型浸染型斑岩铜矿床。

3.1.2 主要成分及其含量

收集全国多个口岸入境的 8 批次墨西哥 Buenavista 矿区铜精矿，并对其进行 X 射线荧光光谱无标样分析。采集铜精矿中 O、Na、Mg、Al、Si、P、S、K、Ca、Ti、V、Cr、Mn、Co、Fe、Ni、Cu、Zn、As、Se、Rb、Zr、Mo、Ag、Cd、Sb、Pb、Bi、Ba、Ce、Er 元素含量，统计学描述见表 13。

表 13　墨西哥 Buenavista 矿区铜精矿无标样分析统计学描述

元素	O	Na	Mg	Al	Si	P	S	K	Ca
最大值/%	18.8000	0.1770	0.3070	4.0300	6.3410	0.0440	21.6800	0.9440	0.1110
最小值/%	10.8000	0.0438	0.2040	2.9200	4.5700	0.0119	12.8200	0.7730	0.0865
平均值/%	14.5025	0.1018	0.2660	3.4425	5.3654	0.0360	19.7200	0.8411	0.0993
标准偏差/%	2.6522	0.0430	0.0326	0.3798	0.5791	0.0110	2.8395	0.0648	0.0086
元素	Ti	V	Cr	Mn	Co	Fe	Ni	Cu	Zn
最大值/%	0.1800	0.0050	0.0070	0.1020	0.0034	21.6300	0.0090	22.7000	4.0780
最小值/%	0.1510	0.0050	0.0070	0.0573	0.0034	20.0700	0.0060	19.3800	2.9180
平均值/%	0.1640	0.0050	0.0070	0.0751	0.0034	20.9625	0.0083	21.1175	3.2740
标准偏差/%	0.0114	—	—	0.0158	—	0.5462	0.0012	1.0389	0.4401
元素	As	Se	Rb	Zr	Mo	Ag	Cd	Sb	Pb
最大值/%	0.2670	0.0090	0.0050	0.0060	0.1270	0.0180	0.0170	0.0678	0.4690
最小值/%	0.1290	0.0040	0.0030	0.0040	0.0707	0.0140	0.0110	0.0310	0.2670
平均值/%	0.1940	0.0060	0.0040	0.0050	0.0978	0.0157	0.0130	0.0526	0.3528
标准偏差/%	0.0372	0.0016	0.0005	0.0008	0.0168	0.0015	—	0.0142	0.0742
元素	Bi	Ba	Ce	Er					
最大值/%	0.0080	0.0060	0.0260	0.1900					
最小值/%	0.0060	0.0060	0.0260	0.1740					
平均值/%	0.0070	0.0060	0.0260	0.1827					
标准偏差/%	0.0010	—	—	0.0070					

3.1.3　物相信息

对墨西哥 Buenavista 矿区铜精矿进行 X 射线衍射测试，分析其物相组成特征，结果表明，墨西哥 Buenavista 矿区铜精矿的主要物相为黄铜矿，其次含有黄铁矿、闪锌矿、石英、勃姆石、黑云母等（图 13）。

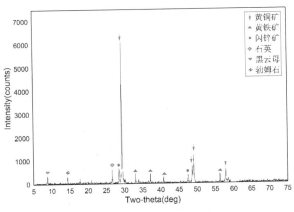

图 13　典型墨西哥 Buenavista 矿区铜精矿 X 射线衍射谱图

3.1.4 矿相信息

对典型墨西哥 Buenavista 铜精矿进行矿相鉴定,其不透明矿物组合结果如下:

单体(80%):半自形-它形,有黄铜矿、黄铁矿、斑铜矿、闪锌矿、铜蓝、辉钼矿、砷黝铜矿、黝铜矿、方铅矿等。

表 14 墨西哥 Buenavista 铜精矿偏光显微镜鉴定特征

矿相	含量	特征
黄铜矿	60%	其中颗粒粒度大的一群约 80 μm,总体呈铜黄色,较高反射率,弱非均质性,中低硬度(小于钢针),易磨光,表面光滑。
黄铁矿	30%	颗粒粒度大的一群约 80 μm,呈浅黄色,高反射率,均质性,高硬度(大于钢针)。
闪锌矿	6%	颗粒粒度大的一群约 100 μm,纯灰色,低反射率,均质性,中等硬度,常见棕红色或褐红色内反射。
铜蓝	2%	颗粒多约 50 μm,总体呈蓝色反射色,显著反射多色性(深蓝色微带紫色-蓝白色),特强非均质性,特殊偏光色(45°位置为火红-棕红色)。
辉钼矿	微量	都是单体,颗粒长 20~100 μm,总体呈灰白色,中等反射率,显极其显著的双反射和极强的非均质性,低硬度,晶型常为弯曲的长板状或纤维状。
硫砷铜矿	微量	颗粒 50~80 μm,总体呈浅粉红灰白色,低反射率,低硬度,强非均质性(淡蓝-淡绿-淡红橙),不显内反射,易磨光。
方铅矿	微量	呈单体的极其少见,颗粒大小以 30~40 μm 为主,总体呈纯白色,较高反射率,低硬度(小于铜针),均质性,部分有明显的三角孔。
黝铜矿	微量	呈单体的极其少见,颗粒大小约 60 μm,总体呈灰白色微带浅棕色,中等反射率,中等硬度,均质性,易磨光。

连生体(20%):与黄铜矿连生的矿物较多,如图 14a 和图 14c 黄铜矿包裹或交代黄铁矿,总体占连生体的 85% 左右;闪锌矿交代黄铁矿,总体占连生体的 10% 左右;有的出溶黄铜矿,如图 14d;铜蓝交代黝铜矿以及斑铜矿等(图 14k、图 14n),约占 5%。其余连生情况如黄铁矿与闪锌矿连生(图 14d),闪锌矿和砷黝铜矿连生(图 14i),以及砷黝铜矿交代或出溶黄铜矿等(图 14k 和图 14l)。

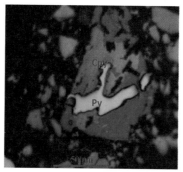
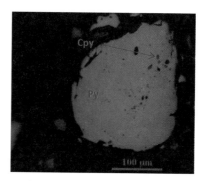

(a)Py被Cpy包裹,Cpy与Sph连生   (b)Py孔隙中见Cpy包裹体

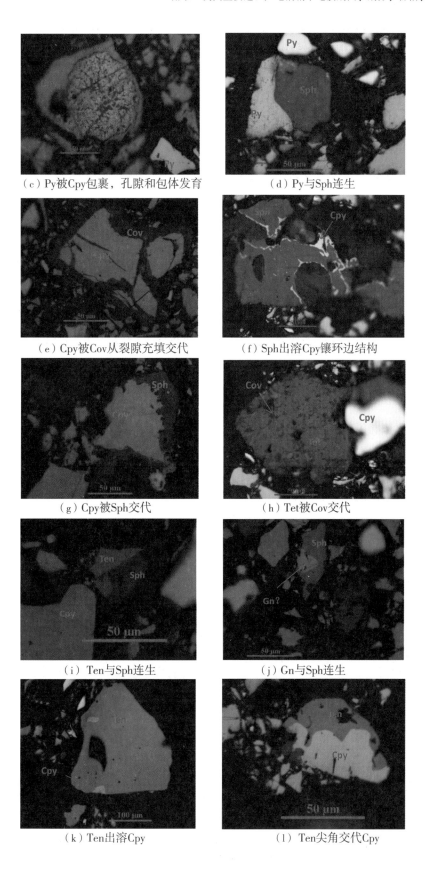

（c）Py被Cpy包裹，孔隙和包体发育　　　　（d）Py与Sph连生

（e）Cpy被Cov从裂隙充填交代　　　　（f）Sph出溶Cpy镶环边结构

（g）Cpy被Sph交代　　　　（h）Tet被Cov交代

（i）Ten与Sph连生　　　　（j）Gn与Sph连生

（k）Ten出溶Cpy　　　　（l）Ten尖角交代Cpy

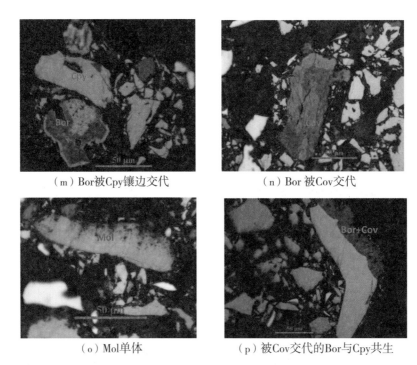

（m）Bor被Cpy镶边交代　　　　　　（n）Bor被Cov交代

（o）Mol单体　　　　　　（p）被Cov交代的Bor与Cpy共生

图 14　典型墨西哥 Buenavista 矿区铜精矿偏光显微镜图

3.2　墨西哥 Santa Maria 矿区铜精矿

3.2.1　矿区简介

Santa Maria 矿区位于墨西哥西北内陆奇瓦瓦州帕拉尔管辖区内，是一处高品位金银铜多金属矿床，属于浅成低温（热液）石英–方解石脉系统。

3.2.2　主要成分及其含量

对全国各口岸收集的 3 批次墨西哥 Santa Maria 矿区铜精矿进行 X 射线荧光光谱无标样分析。采集铜精矿中 O、Na、Mg、Al、Si、P、S、Cl、K、Ca、Ti、Cr、Mn、Fe、Ni、Cu、Zn、As、Se、Rb、Sr、Zr、Mo、Ag、Cd、Sn、Sb、Pb、Bi、Er 元素含量，统计学描述见表 15。

表 15　墨西哥 Santa Maria 矿区铜精矿无标样分析统计学描述

元素	O	Na	Mg	Al	Si	P	S	Cl	K
最大值/%	16.8000	0.9150	0.7850	1.1600	5.7210	0.0170	24.0200	0.0200	0.4000
最小值/%	10.5000	0.0683	0.4920	0.4650	2.7900	0.0160	19.3800	0.0200	0.1320
平均值/%	13.8333	0.3628	0.5913	0.8597	4.4677	0.0165	21.7100	0.0200	0.2943
标准偏差/%	3.1660	0.4786	0.1677	0.3570	1.5109	0.0007	2.3201	—	0.1427
元素	Ca	Ti	Cr	Mn	Fe	Ni	Cu	Zn	As
最大值/%	2.9780	0.0411	0.0070	0.0453	24.6300	0.0100	23.6400	3.6330	0.7000
最小值/%	2.3020	0.0220	0.0070	0.0384	21.4200	0.0090	21.6600	3.2580	0.2618
平均值/%	2.5833	0.0336	0.0070	0.0428	23.2300	0.0093	22.5700	3.4455	0.4141

元素	O	Na	Mg	Al	Si	P	S	Cl	K
标准偏差/%	0.3520	0.0102	—	0.0038	1.6438	0.0006	0.9996	0.2652	0.2477
元素	Se	Rb	Sr	Zr	Mo	Ag	Cd	Sn	Sb
最大值/%	0.0780	0.0020	0.0030	0.0030	0.1230	0.0848	0.0340	0.0416	0.0970
最小值/%	0.0659	0.0010	0.0020	0.0010	0.0907	0.0707	0.0290	0.0340	0.0493
平均值/%	0.0701	0.0013	0.0025	0.0017	0.1059	0.0769	0.0315	0.0378	0.0675
标准偏差/%	0.0069	0.0006	—	0.0012	0.0162	0.0072	0.0035	0.0054	0.0258
元素	Pb	Bi	Er						
最大值/%	1.5230	0.1930	0.2050						
最小值/%	1.2480	0.1680	0.1810						
平均值/%	1.4050	0.1830	0.1953						
标准偏差/%	0.1416	0.0132	0.0127						

3.2.3　物相信息

对墨西哥 Santa Maria 矿区铜精矿进行 X 射线衍射测试，分析其物相组成特征，结果表明，墨西哥 Santa Maria 矿区铜精矿的主要物相为黄铜矿，其次含有闪锌矿、勃姆石、石英（图15）。

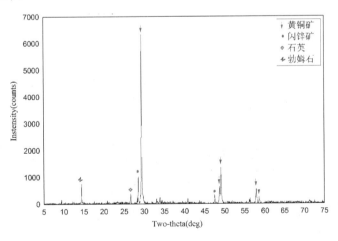

图15　典型墨西哥 Santa Maria 矿区铜精矿 X 射线衍射谱图

3.2.4　矿相信息

对典型墨西哥 Santa Maria 铜精矿进行矿相鉴定，其不透明矿物组合结果如下：

单体（60%）：黄铜矿、黄铁矿、斑铜矿、闪锌矿、铜蓝、砷黝铜矿、辉钼矿、方铅矿等。

表16　墨西哥 Santa Maria 铜精矿偏光显微镜鉴定特征

矿相	含量	特征
黄铜矿	85%	其中颗粒粒度大的一群约100 μm，总体呈铜黄色，较高反射率，弱非均质性，中低硬度（小于钢针），易磨光，表面光滑。
黄铁矿	10%	含量约10%，其中颗粒粒度大的一群约100 μm，呈浅黄色，高反射率，均质性，高硬度（大于钢针）。
斑铜矿	2%	颗粒大小约50 μm，有特殊的反射色（玫瑰色、棕粉红色、紫色），中硬度（大于铜针，小于钢针），均质性，磨光好，常与其他铜矿物共生。
闪锌矿	1%	其中颗粒粒度大的一群约40 μm，纯灰色，低反射率，均质性，中等硬度，常见棕红色或褐红色内反射。
铜蓝	1%	颗粒多约50 μm，多交代其他铜矿，总体呈蓝色反射色，显著反射多色性（深蓝色微带紫色–蓝白色），特强非均质性，特殊偏光色（45°位置为火红–棕红色）。
辉钼矿	微量	都是单体，颗粒长20～100 μm，总体呈灰白色，中等反射率，显极其显著的双反射和极强的非均质性，低硬度，晶型常为弯曲的长板状或纤维状。
砷黝铜矿	微量	颗粒大小约为20 μm，总体呈灰白色微带橄榄绿色，中等反射率，中等硬度（大于铜针，小于钢针），均质性，易磨光。
方铅矿	微量	呈单体的极其少见，颗粒大小以20～40 μm 为主，总体呈纯白色，较高反射率，低硬度（小于铜针），均质性，部分有明显的三角孔。

连生体（40%）：与黄铜矿连生的矿物较多，其中黄铜矿与闪锌矿共生（图16a），黄铜矿与斑铜矿共生（图16b），黄铜矿与方铅矿共生（图16c），黄铁矿与黄铜矿共生（图16e），铜蓝交代黄铜矿（图16j）。其他的还有，方铅矿与闪锌矿共生（图16d），黄铜矿、斑铜矿以及砷黝铜矿共生（图16g），铜蓝作为后期矿物交代了大多数矿物，如铜蓝交代黄铜矿、斑铜矿、黄铁矿、闪锌矿以及砷黝铜矿（图16h～16l）。

附图如下：

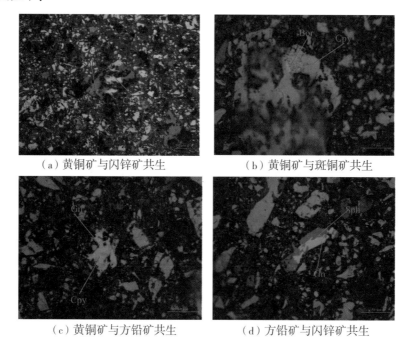

（a）黄铜矿与闪锌矿共生　　　　　（b）黄铜矿与斑铜矿共生

（c）黄铜矿与方铅矿共生　　　　　（d）方铅矿与闪锌矿共生

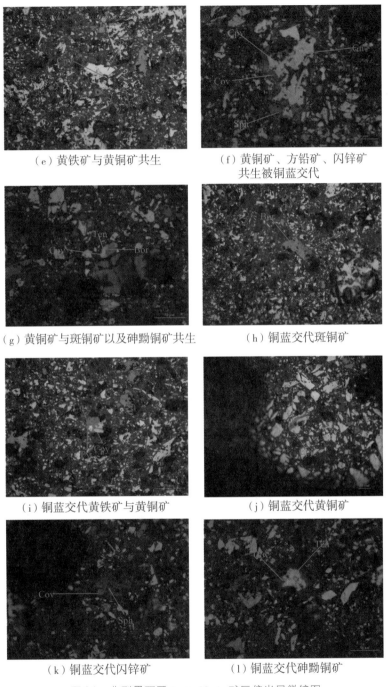

（e）黄铁矿与黄铜矿共生　　　　（f）黄铜矿、方铅矿、闪锌矿共生被铜蓝交代

（g）黄铜矿与斑铜矿以及砷黝铜矿共生　　　（h）铜蓝交代斑铜矿

（i）铜蓝交代黄铁矿与黄铜矿　　　　（j）铜蓝交代黄铜矿

（k）铜蓝交代闪锌矿　　　　（l）铜蓝交代砷黝铜矿

图 16　典型墨西哥 Santa Maria 矿区偏光显微镜图